GENERAL
EDUCATION

高等学校通识教育系列教材

C语言程序设计
（基于CDIO思想）（第2版）
问题求解与学习指导

郑晓健 李向阳 杨承志 主编

布瑞琴 周 波 副主编

U0336499

清华大学出版社

北 京

内 容 简 介

　　研究编程案例、做大量编程实验及练习题是掌握 C 语言编程技能的必经之路。本书包括 5 章。第 1 章为案例研究，对 C 语言编程中常见的实用技巧和方法进行了示范和解析。第 2 章为实验指导，针对教材中每个章节的语法知识点和基本算法，精心设计了有代表性的实验。第 3 章为基础编程问题及解析，涵盖了各章节的问题及解析。第 4 章为综合编程问题及解析。第 5 章为全国计算机二级 C 语言等级考试及学科竞赛真题及解析。

　　本书是《C 语言程序设计（基于 CDIO 思想）（第 2 版）》的配套教材，在涉及编程问题的范围、编程技巧的深度和实用性等方面都有很大提升。本书可以作为 C 语言程序设计课程的实验教材、课程设计教材和深入学习教材，也可以单独使用。

图书在版编目（CIP）数据

　　C 语言程序设计（基于 CDIO 思想）（第 2 版）问题求解与学习指导/郑晓健，李向阳，杨承志主编. —北京：清华大学出版社，2018（2019.7 重印）
　　（高等学校通识教育系列教材）
　　ISBN 978-7-302-50432-0

　　Ⅰ．①C…　Ⅱ．①郑…　②李…　③杨…　Ⅲ．①C 语言 – 程序设计 – 高等学校 –教学参考资料　Ⅳ．①TP312.8

　　中国版本图书馆 CIP 数据核字（2018）第 123077 号

责任编辑：黄　芝　李　晔
封面设计：文　静
责任校对：徐俊伟
责任印制：杨　艳

出版发行：清华大学出版社
　　　　　网　　　址：http://www.tup.com.cn, http://www.wqbook.com
　　　　　地　　　址：北京清华大学学研大厦 A 座　　　邮　　　编：100084
　　　　　社 总 机：010-62770175　　　　　　　　　　邮　　　购：010-62786544
　　　　　投稿与读者服务：010-62776969，c-service@tup.tsinghua.edu.cn
　　　　　质量反馈：010-62772015，zhiliang@tup.tsinghua.edu.cn
印 装 者：三河市吉祥印务有限公司
经　　销：全国新华书店
开　　本：185mm×260mm　　　印　　张：13.5　　　字　　数：337 千字
版　　次：2018 年 8 月第 1 版　　　　　　　　　　印　　次：2019 年 7 月第 2 次印刷
印　　数：1501～2500
定　　价：39.00 元

产品编号：079491-01

前　言

　　为使高校计算机专业教育加快向应用技术型转型的步伐，符合国家高等学校计算机基础教育课程体系的要求，提高学生计算机应用编程能力和满足注重实践教学的要求，本书加强了典型案例的研究式教学及实验案例和实验指导的占比，并且压缩了一些不常用的纯语法习题的篇幅。在案例研究、实验指导部分配有大量对问题的详细分析和讨论，目的是启发学生积极思考，希望学生在完成每道实验题时采用先模仿、再举一反三的方法学习。实验指导部分配备了答案供参考。全书中设计的案例、实验和编程习题的所有程序都在 Microsoft Visual C++ 6.0 环境下调试通过。书中涉及的相关知识点与算法的编排顺序与教材一致，便于学生查阅。

　　本书增加了常用的基本算法和实用编程技巧的实验题数量，希望学生通过实验能够更好地掌握课堂上所学的内容。内容按照先易后难的原则编排。实验部分首先给出实验案例，目的是先示范给学生看，让学生先模仿，找出解决问题的基本思路，发现规律、获得初步经验，并使学生掌握程序设计编程思路的多样性、设计方法的灵活性、避免常犯的错误。

　　本书涵盖的题量较大，能够满足一般学生对于 C 程序设计课程学习的要求，部分题目甚至超出了对普通能力学生的要求，更适合于能力较强的学生。教师可以根据实际授课情况，选择部分实验内容进行练习，以满足不同层次的学生和不同进度的学习需要。

　　学生在应用本书进行实验时，要做到多分析、多练习、多实践，在编程知识和编程经验的积累过程中，培养"编程感觉"。尽管所有题目都配有答案，但学生在做题时，一定要多读、多分析，不要急于翻看答案，应培养独立解决问题的能力。

　　本书的作者为这本书的编写投入了大量心血，第 1、2、3、4、5 章由郑晓健编写，李向阳和杨承志教授为本书的编写提出了很多宝贵建议。全书的统稿工作由郑晓健负责。布瑞琴、周波、方娇莉、高世健、郭琳等老师在提供各章节习题资料方面做了大量工作，在此对他们的工作和付出表示衷心感谢。

　　由于作者水平有限，书中一定存在许多不足，恳请读者批评指正。

编　者

2018 年 1 月

目　录

第1章 案例研究

1.1 单词检索程序

1. 问题描述

编写一个单词检索程序,通过索引表来实现单词的检索。功能要求是:

(1)为单词库增加新单词;

(2)通过输入单词查询该单词的所有信息,包括单词拼写、释义和该单词的用例;

(3)建立单词库和索引文件,为后续单词的查找做好准备,将所有单词信息保存到单词库的磁盘文件中。

2. 问题分析与设计

首先要考虑的问题是单词在磁盘文件中的存储及检索方法。建立常驻内存的索引表,索引表的每个索引项由关键字和索引指针组成,其中关键字为单词,索引指针保存该单词在单词库中单词记录(结构体)的存放位置,索引表和单词库的结构关系如图 1.1 所示。单词的查询过程是先在索引表找到单词对应的索引项,通过读取索引项的索引指针找到该单词在单词库中的单词结构,然后再读取单词信息。

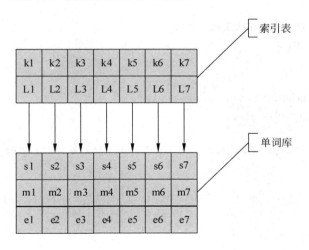

图 1.1

程序启动时从磁盘文件中将索引表和单词库载入内存,程序退出时再保存到磁盘文件中,从而实现持久性存储。

3. 程序实现

```c
#include<stdio.h>
#include<string.h>
#include<stdlib.h>
#define MAXI 200
#define WL 30
#define EM 100
//索引表定义
struct IdxType
{
    char key[WL];           //关键字，单词
    long link;              //指向对应块的起始下标，块在文件中
} IDX[MAXI];                //索引表，常驻内存
//单词结构定义
struct Word
{
    char spell[WL];         //英文单词
    char mean[WL];          //中文释义和词性
    char example[WL];       //例子
} WDB[MAXI];                //单词库
long IdxLenght=0;           //索引表长度(单词库中单词数)，随单词的增加会变化
//保存索引表到索引文件
int writeIDX()
{
    FILE *fp;
    if((fp=fopen("IDX.dat","w+"))==NULL)
    {
        printf("打开索引表失败\n");
        return 0;
    }
    rewind(fp);
    fwrite(&IdxLenght,sizeof(int),1,fp);                        //保存索引表长度
    if(IdxLenght>0)
    {
        fwrite(IDX,sizeof(struct IdxType),IdxLenght,fp);//保存索引表
    }
    fclose(fp);
    return 1;
}
//从文件加载索引表到内存
int readIDX()
{
    int n;
    FILE *fp;
```

```c
    if((fp=fopen("IDX.dat","r+"))==NULL)
    {
        printf("打开索引表失败\n");
        return 0;
    }
    rewind(fp);
    fread(&n,sizeof(int),1,fp);    //从文件取索引表长度
    if(n>0)
    {
        fread(IDX,sizeof(struct IdxType),n,fp);
    }
    IdxLenght=n;
    fclose(fp);
    return 1;
}
//从文件加载单词库到内存
int readWDB()
{
    FILE *fp;
    if((fp=fopen("WDB.dat","r+"))==NULL)
    {
        printf("打开单词库失败\n");
        return 0;
    }
    rewind(fp);
    if(IdxLenght>0)    //从文件读取单词库
    {
        fread(WDB,sizeof(struct Word),IdxLenght,fp);
    }
    fclose(fp);
    return 1;
}
//保存单词库到文件
int writeWDB()
{
    FILE *fp;
    if((fp=fopen("WDB.dat","w+"))==NULL)
    {
        printf("打开单词库失败\n");
        return 0;
    }
    rewind(fp);
    if(IdxLenght>0)
    {
        fwrite(WDB,sizeof(struct Word),IdxLenght,fp);    //保存单词库
```

案例研究

```
    }
    fclose(fp);
    return 1;
}
//利用索引表查询单词
long seekWord(char k[])
{
    //在索引表中查找与单词相符的索引项
    int i;
    long pos=-1;
    for(i=0;i<IdxLenght;i++)
    {
        if(!strcmp(IDX[i].key,k))
        {
            pos=IDX[i].link;    //返回单词在单词库的位置
            break;
        }
    }
    return pos;
}
//从单词库读取单词结构
void readWord(long p)
{
    if(p>=0&&p<IdxLenght)
    {
        printf("单词拼写：%s\n",WDB[p].spell);
        printf("单词释义：%s\n",WDB[p].mean);
        printf("例子：%s\n",WDB[p].example);
    }
}
//查询单词
void readRcd()
{
    char k[WL];
    long r;
    fflush(stdin);
    printf("查询单词：");
    gets(k);
    r=seekWord(k);
    if(r==-1)
        printf("未查询到单词\n");
    else
        readWord(r);
}
//增加单词结构到单词库
```

```c
int writeWord(long p)
{
    int result=-1;
    struct Word w;
    if(IdxLenght>=MAXI)
        return result;
    else
    {
        fflush(stdin);
        printf("单词拼写: ");
        gets(w.spell);
        fflush(stdin);
        printf("单词释义: ");
        gets(w.mean);
        fflush(stdin);
        printf("例子: ");
        gets(w.example);
        strcpy(IDX[p].key,w.spell);      //在索引表中添加单词索引项
        IDX[p].link=p;
        strcpy(WDB[p].spell,w.spell);    //在单词库中添加单词项
        strcpy(WDB[p].mean,w.mean);
        strcpy(WDB[p].example,w.example);
        IdxLenght++;
    }
    return result;
}
void main()
{
    int s;
    readIDX();
    readWDB();
    do
    {
        printf("1.增加新单词\n2.查询单词\n3.退出\n");
        scanf("%d",&s);
        switch(s)
        {
        case 1:writeWord(IdxLenght);break;
        case 2:readRcd();break;
        case 3:
            if(!writeIDX())
                printf("保存索引表错误\n");
            if(!writeWDB())
                printf("保存单词库错误\n");
            break;
```

```
        default:
            printf("要退出，选3\n");
        }
    }while(s!=3);
}
```

程序的运行结果如图 1.2 所示。

图 1.2

1.2 轮盘游戏程序

1. 问题描述

设计一个 4 人参与的轮盘游戏程序。轮盘上均匀地刻画着 60 条刻度线，并划分为东、南、西、北 4 个方位区，每方位区拥有 15 条连续的刻度。每个参与游戏者可以占据一个方位区。当骰子球（有 6 面，各面分别标有数字 1～6，可以随意自转）落入轮盘后将在轮盘中按顺时针方向转动，同时随意自转，当它经过轮盘上每个刻度时将有一个数字面朝向该刻度，该刻度所属的方位区将获得该数字面所标注的数值分值，等到骰子在轮盘中停止转动时，程序要报出各方位区所获得的积分值，分值高者为获胜方。具体要求如下：

（1）骰子开始落入轮盘时的位置是随机的；

（2）骰子在轮盘中转动圈数是随机的（范围在 100～1000）；

（3）骰子在轮盘中转动的同时也随机转动，经过每个刻度时所朝向的面随机。

2. 问题分析与设计

通过 C 语言的随机函数产生骰子落入轮盘时的位置；骰子在轮盘中转动的圈数；骰子在轮盘中顺时针转动，经过每个刻度时自转的数字；转动停止的位置。骰子在轮盘中转动利用循环语句模拟。

3. 程序实现

```
#include "stdio.h"
```

```c
#include "stdlib.h"
#include "time.h"
void win(int *s);
void main()
{
    int score[4]={0,0,0,0},j,pe,end=0;
    long i,n;
    srand(time(NULL));
    n=30000+rand();
    j=rand()%60;
    pe=rand()%60;
    for(i=0;i<n;i++)
    {
        while(1)
        {
            if(j>=60)
            {
                j=0;
                break;
            }
            score[j/15]+=1+rand()%5;
            j++;
            if(j==pe && i==(n-1))
            {
                end=1;
                break;
            }
        }
        if(end)
            break;
    }
    win(score);
}
void win(int *s)
{
    int max=*s,t=0,i;
    char orient[4][3]={"东","南","西","北"};
    printf("各方向得分如下：\n");
    for(i=0;i<=3;i++)
    {
        if(max<*(s+i))
        {
            max=*(s+i);
            t=i;
        }
```

```
        printf("%s方:%d\n",*(orient+i),*(s+i));
    }
    printf("赢家是%s方。\n",*(orient+t));
}
```

程序的运行结果如图 1.3 所示。

图 1.3

1.3 打字练习程序

1. 问题描述

设计一个打字练习程序。程序随机产生并显示一组字符数据供练习者仿照练习输入，练习者输入完毕，按下回车键时程序检查核对输入字符与对应位置显示的字符的一致性，同时计算这组输入中正确的字符数；结束练习时程序向练习者显示本次练习的正确率（即正确字符数与显示字符数的比值）。

2. 问题分析与设计

按照练习者设定的长度不断产生字符串，供练习者打字练习，然后将输入字符串和产生字符串进行对比，统计正确率。字符串通过随机函数产生，可以产生分类字符，包括数字、小写字符、大写字符和综合类型字符。

3. 程序实现

```c
#include "stdio.h"
#include "stdlib.h"
#include "time.h"
#include "string.h"
#define MAX 100
int total=0,count=0;
void strdisplay(char str[],int n,int st)
{
    int i,b,e;
    switch(st)
    {
    case 1:
        b=48;
        e=57;
        break;
```

```
            case 2:
                b=65;
                e=90;
                break;
            case 3:
                b=97;
                e=122;
                break;
            case 4:
                b=32;
                e=126;
                break;
        }
        for(i=0;i<n;i++)
        {
            str[i]=b+rand()%(e-b);
            printf("%c",str[i]);
        }
        printf("\n");
        str[i]='\0';
        count+=n;
}
void strcount(char str1[],char str2[])
{
    int i,m=0,L1,L2,L,len;
    L1=strlen(str1);
    L2=strlen(str2);
    L=L1<L2?(len=L2-L1,L1):(len=L1-L2,L2);
    for(i=0;i<L;i++)
    {
        if(str1[i]!=str2[i])
            m++;
    }
    total+=m+len;
}
void main()
{
    char str[MAX],str1[MAX]="";
    int len,n=0,st=1;
    printf("你要练习输入的字符数最长不超过：");
    scanf("%d",&len);
    if(len>MAX || len<=0)
        len=MAX-1;
    printf("选择练习的字符范围（1.数字，2.大写字符，3.小写字符，4.全部）：");
    scanf("%d",&st);
```

第
1
章

案例研究

```
    srand(time(NULL));
    while (1)
    {
        n=1+rand()%len;
        strdisplay(str,n,st);
        fflush(stdin);
        gets(str1);
        if(!strcmp(str1,"End"))
            break;
        strcount(str,str1);
    }
    printf("正确率：%.2f\n",1-(float)total/count);
}
```

程序的运行结果如图 1.4 所示。

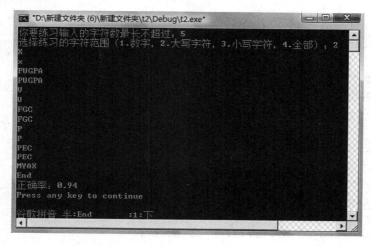

图 1.4

1.4　邮件管理程序

1.　问题描述

　　设计一个邮件管理程序。程序提供 100 个私有信箱（每个信箱拥有唯一的编号），每个信箱可装 10 封信，寄信人按照信箱编号向信箱投递信件（信件至少包含收信人信箱编号、寄信人姓名、信件内容、时间等信息）。收信人随时可以通过输入信箱编号和密码，查看自己的私有信箱中的信件，并可以一次性清空信箱；寄信人则可以按以上定义的信件内容项，给收信人写信，只要收信人的私有信箱未装满，就可以按其私有信箱编号将信送入收信人的信箱中。

2.　问题分析与设计

　　通过为邮件和信箱建立结构体类型数组，来保存和管理邮件。

3.　程序实现

```
#include "stdio.h"
```

```c
#include "string.h"
struct mail
{
    char sname[50];
    char text[100];
};
struct studbox
{
    int code;
    char rname[20];
    int mailnum;
    mail smail[10];
    int lock;
} collegebox[100];
void initsitbox()
{
    int i;
    for(i=0;i<100;i++)
    {
        collegebox[i].code=i;
        collegebox[i].lock=i;
    }
}
void sitbox(int code,int lock)
{
    if(collegebox[code].code==code && collegebox[code].lock==lock)
    {
        puts("邮箱名: ");
        fflush(stdin);
        gets(collegebox[code].rname);
        puts("邮箱密码: ");
        scanf("%d",&collegebox[code].lock);
    }
    else
        puts("邮箱代码|密码错! ");
}
int getmail(int code,int lock)
{
    int i;
    if(collegebox[code].lock==lock)
    {
        puts(collegebox[code].rname);
        printf("_____邮箱有: %d\n",collegebox[code].mailnum);
        for(i=0;i<collegebox[code].mailnum;i++)
        {
```

案例研究

```
                    printf("_____%d_____",i);
                    puts(collegebox[code].smail[i].sname);
                    puts(collegebox[code].smail[i].text);
                    puts("_____");
                }
                collegebox[code].mailnum=0;
            }
            else
            {
                puts("邮箱代码|密码错！");
                return 0;
            }
            return 1;
        }
        int dilber(int code,int lock)
        {
            int scode;
            if(collegebox[code].lock==lock)
            {
                puts("发给(邮箱代码)：");
                scanf("%d",&scode);
                if(scode>=0 && scode<=99)
                {
                    int tail=collegebox[scode].mailnum;
                    if(tail<=9)
                    {
                        strcpy(collegebox[scode].smail[tail].sname,collegebox[code].
                        rname);
                        puts("信息：");
                        fflush(stdin);
                        gets(collegebox[scode].smail[tail].text);
                        collegebox[scode].mailnum++;
                    }
                    else
                        puts("发信邮箱已满！");
                }
            }
            else
            {
                puts("邮箱代码|密码错！");
                return 0;
            }
            return 1;
        }
        void main()
```

```
{
    int op,code,lock;
    while(op!=5)
    {
        puts("1.初始设置校园邮箱");
        puts("2.更改校园邮箱信息");
        puts("3.打开校园邮箱");
        puts("4.发信");
        puts("5.退出");
        printf("操作: ");
        scanf("%d",&op);
        switch(op)
        {
        case 1: initsitbox();break;
        case 2: puts("邮箱代码和密码: ");
            scanf("%d%d",&code,&lock);
            sitbox(code,lock);
            break;
        case 3: puts("邮箱代码和密码: ");
            scanf("%d%d",&code,&lock);
            getmail(code,lock);
            break;
        case 4: puts("邮箱代码和密码: ");
            scanf("%d%d",&code,&lock);
            dilber(code,lock);
            break;
        case 5: return;
        }
    }
}
```

程序的运行结果如图 1.5 所示。

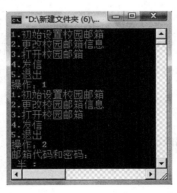

图 1.5

案例研究

1.5 文本编辑程序

1. 问题描述

开发文本编辑程序，功能是对要处理的文本进行编辑操作，包括在文本段中查找指定的目标子串、删除子串、在指定位置插入子串，最后获得经过处理的目标文本段。

2. 问题分析与设计

程序获取待处理的文本字符串并编辑，在程序执行过程中通过操作界面反复接收规定的编辑命令，对字符串进行处理，直到接收到退出命令（Q）才停止运行。程序可处理的字符串长度在事前设定。算法基本框架如下：

（1）读取要处理的字符串，并保存；

（2）获取编辑命令；

（3）如果是退出（结束）命令，则程序退出运行；

（4）否则，进行相应的编辑操作；

（5）转至步骤（2）。

3. 程序实现

```c
#include<stdio.h>
#include<string.h>
#include<ctype.h>
#define MAX_LEN 200
#define NOT_FOUND -1
char *deletestring(char *source,int p,int n)
{
    char reststr[MAX_LEN];
    if(strlen(source)<=p+n)     //要删除的子字符串已经超过原字符串尾
        source[p]='\0';
    else
    {
        strcpy(reststr,&source[p+n]);
        strcpy(&source[p],reststr);
    }
    return source;
}
//获取命令
char getcmm()
{
    char cmm,iq;
    printf("输入命令：D删除，I插入，F查找，Q退出:");
    scanf("%c",&cmm);
    do
        iq=getchar();
    while(iq!='\n');
```

```c
        return toupper(cmm);
}
//查找目标子串
int pos(char *source,char *str)
{
    int i=0,len,fd=0,p;
    char substr[MAX_LEN];
    len=strlen(str);
    while(!fd&&i<=strlen(source)-len)
    {
        strncpy(substr,&source[i],len);
        substr[len]='\0';
        if(!strcmp(substr,str))
            fd=1;
        else
            i++;
    }
    if(fd)
        p=i;
    else
        p=NOT_FOUND;
    return p;
}
//插入子字符串
char *insert(char *source,char *str,int p)
{
    char reststr[MAX_LEN];
    if(strlen(source)<=p)
        strcat(source,str);
    else
    {
        strcpy(reststr,&source[p]);
        strcpy(&source[p],str);
        strcat(source,reststr);
    }
    return source;
}
//编辑命令处理函数
char *doedit(char *source,char cmm)
{
    char str[MAX_LEN];
    int p;
    switch(cmm)
    {
    case 'D':
```

```
            printf("要删除的字符串: ");
            fflush(stdin);
            gets(str);
            p=pos(source,str);
            if(p==NOT_FOUND)
                printf("%s没有找到\n",str);
            else
                deletestring(source,p,strlen(str));        //删除子字符串
            break;
        case 'I':
            printf("要插入的字符串: ");
            fflush(stdin);
            gets(str);
            printf("要插入的位置: ");
            fflush(stdin);
            scanf("%d",&p);
            insert(source,str,p);
            break;
        case 'F':
            printf("要查找的字符串: ");
            fflush(stdin);
            gets(str);
            p=pos(source,str);
            if(p==NOT_FOUND)
                printf("%s没有找到\n",str);
            else
                printf("%s在%d处找到\n",str,p);
            break;
        default:
            printf("%c是非法的编辑命令\n",cmm);
        }
        return source;
    }
    void main()
    {
        char source[MAX_LEN],cmm;
        printf("输入要处理的字符串: \n");
        gets(source);
        while((cmm=getcmm())!='Q')
        {
            doedit(source,cmm);                //执行编辑命令
            printf("处理结果: %s\n",source);
        }
        printf("最终处理结果: %s\n",source);
    }
```

程序的运行结果如图 1.6 所示。

图 1.6

1.6 复数运算程序

1. 问题描述

编写复数算术运算程序，功能包括实现复数的加、减、乘、除运算。程序遵循复数运算的代数学运算规则对数据进行处理。例如，两个复数的和依然是复数，它的实部是原来两个复数实部之和，它的虚部是原来两个复数虚部的和。复数的加法满足交换律和结合律等。因为一个复数数据对象需要由实部和虚部来表示，因此要设计一个结构体类型和一组运算操作才能实现复数的存储和数据处理。

2. 问题分析与设计

两个复数进行四则运算后还是一个复数，运行定义如下。

1）复数加法法则

复数的加法按照以下规定的法则进行：设 $z1=a+bi$，$z2=c+di$（a，b，c，$d \in R$）是任意两个复数，则它们的和是：

$$(a+bi)+(c+di)=(a+c)+(b+d)i$$

两个复数的和依然是复数，它的实部是原来两个复数实部的和，虚部是原来两个虚部的和。复数的加法满足交换律和结合律，即对任意 3 个复数 $z1$、$z2$、$z3$，有：

$$z1+z2=z2+z1$$

且

$$(z1+z2)+z3=z1+(z2+z3)$$

2）复数减法法则

复数的减法按照以下规定的法则进行：设 $z1=a+bi$，$z2=c+di$（a，b，c，$d \in R$）是任意两个复数，则它们的差是：

$$(a+bi)-(c+di)=(a-c)+(b-d)i$$

两个复数的差依然是复数，它的实部是原来两个复数实部的差，它的虚部是原来两个虚部的差。

3）复数乘法规则

复数的乘法按照以下的法则进行：设 $z1=a+bi$，$z2=c+di$（a，b，c，$d \in R$）是任意两个复数，两个复数的积还是一个复数，结果为：

$$(a+bi)(c+di)=(ac-bd)+(bc+ad)i$$

两个复数相乘类似于两个多项式相乘，交叉相乘式子展开得：$ac+adi+bci+bdi^2$，因为 $i^2=-1$，合并同类项后结果是：$(ac-bd)+(bc+ad)i$。

4）复数除法规则

复数的除法定义为：满足式子 $(c+di)(x+yi)=(a+bi)$ 的复数 $x+yi$（a，b，c，d，x，$y \in R$）叫复数 $a+bi$ 除以复数 $c+di$ 的商。

复数的除法运算是转换成复数乘法实现的，即在分子、分母上同时乘以分母的共轭复数 $(c-di)$，因为互为共轭的两个复数相乘是实常数。复数除法运算规则为：

设复数 $a+bi$（a，$b \in R$）除以 $c+di$（c，$d \in R$），其商为 $x+yi$（x，$y \in R$），即

$$\frac{a+bi}{c+di}=x+yi \quad (a,b,c,d,x,y \in R)$$

因为 $(x+yi)(c+di)=(cx-dy)+(dx+cy)i$，所以 $(cx-dy)+(dx+cy)i=a+bi$。由复数相等定义可知 $cx-dy=a$，$dx+cy=b$，解这个方程组，得

$$x=\frac{ac+bd}{c^2+d^2}, \quad y=\frac{bc-ad}{c^2+d^2}$$

于是有：

$$\frac{a+bi}{c+di}=\frac{ac+bd}{c^2+d^2}+\frac{bc-ad}{c^2+d^2}i$$

因此，问题求解的解决方案体现在两个方面：

（1）定义复数结构体类型；

（2）定义复数的运算函数。

算法的详细设计见下面的程序。

3. 程序实现

```c
#include<stdio.h>
#include<math.h>
//定义复数结构体类型
typedef struct
{
    double real;      //实部
    double imag;      //虚部
} complex_t;
```

```
//定义复数的四则运算函数
//复数输入
int scan_complex(complex_t *c)
{
    int st1,st2,status;
    printf("实部: ");
    st1=scanf("%lf",&c->real);
    printf("虚部: ");
    st2=scanf("%lf",&c->imag);
    if(st1==1&&st2==1)
        status=1;
    else if(st1!=EOF||st2!=EOF)
        status=0;
    return status;
}
//复数输出
void printcomplex(complex_t c)
{
    double r=c.real,i=c.imag,rfabs=fabs(c.real),ifabs=fabs(c.imag);
    char sign;
    if(rfabs<0.005 && ifabs<0.005)
    {
        printf("(%.2f)",0.0);
    }
    else if(ifabs<0.005)
    {
        printf("(%.2f)",r);
    }
    else if(rfabs<0.005)
    {
        printf("(%.2f)",i);
    }
    else
    {
        sign=i<0?'-':'+';
        printf("(%.2f %c %.2fi)",r,sign,ifabs);
    }
}
//复数加法
complex_t addcomplex(complex_t c1,complex_t c2)
{
    complex_t s;
    s.real=c1.real+c2.real;
    s.imag=c1.imag+c2.imag;
    return s;
```

案例研究

```
    }
    //复数减法
    complex_t subtractcomplex(complex_t c1,complex_t c2)
    {
        complex_t s;
        s.real=c1.real-c2.real;
        s.imag=c1.imag-c2.imag;
        return s;
    }
    //复数乘法，c1=a+bi，c2=c+di，(a+bi)(c+di)=(ac-bd)+(bc+ad)i
    complex_t multiplycomplex(complex_t c1,complex_t c2)
    {
        double r1=c1.real,i1=c1.imag,r2=c2.real,i2=c2.imag;
        complex_t s;
        s.real=r1*r2-i1*i2;
        s.imag=i1*r2+r1*i2;
        return s;
    }
    //复数除法，c1=a+bi，c2=c+di
    complex_t dividecomplex(complex_t c1,complex_t c2)
    {
        double a=c1.real,b=c1.imag,c=c2.real,d=c2.imag,e=c*c+d*d;
        complex_t s;
        s.real=(a*c+b*d)/e;
        s.imag=(b*c-a*d)/e;
        return s;
    }
    //复数绝对值，c1=a+bi
    complex_t abscomplex(complex_t c)
    {
        complex_t s;
        s.real=sqrt(c.real*c.real+c.imag*c.imag);
        s.imag=0;
        return s;
    }
    void main()
    {
        complex_t c1,c2;
        printf("输入一个复数\n");
        scan_complex(&c1);
        printf("输入另一个复数\n");
        scan_complex(&c2);

        //复数加法
        printcomplex(c1);
```

```
    printf("+");
    printcomplex(c2);
    printf("=");
    printcomplex(addcomplex(c1,c2));
    printf("\n");
    //复数减法
    printcomplex(c1);
    printf("-");
    printcomplex(c2);
    printf("=");
    printcomplex(subtractcomplex(c1,c2));
    printf("\n");
    //复数乘法
    printcomplex(c1);
    printf("×");
    printcomplex(c2);
    printf("=");
    printcomplex(multiplycomplex(c1,c2));
    printf("\n");
    //复数除法
    printcomplex(c1);
    printf("/");
    printcomplex(c2);
    printf("=");
    printcomplex(dividecomplex(c1,c2));
    printf("\n");
    //复数绝对值
    printf("|");
    printcomplex(c1);
    printf("|=");
    printcomplex(abscomplex(c1));
    printf("\n");
}
```

程序的运行结果如图 1.7 所示。

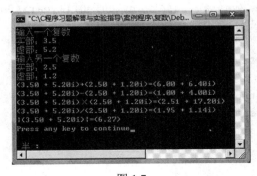

图 1.7

1.7 日期计算程序

1. 问题描述

（1）编写一个程序，计算某年某月某日某时距 1990 年 1 月 1 日 0：00 时的天数和小时数。

（2）编写一个程序，计算两个指定日期间差几天。

（3）编写一个程序，计算指定日期的某时与另一个日期的某时之间相差几小时。

2. 问题分析与设计

解决问题的方法是，首先计算要指定日期所属的年到 1990 年 1 月 1 日有多少年和这些年包括几天；接着计算指定日期的月、日距离当年的 1 月 1 日有几天，最后计算两部分的天数之和就是要求的结果。

要计算两个指定日期间相差几天，可以先分别计算这两个日期距离 1990 年 1 月 1 日的天数，然后相减就是所要的结果。

要计算指定日期的某时与另一个日期的某时之间相差的小时数，先计算两个日期间相差的天数减一天乘二十四，再计算两个日期的小时间相差小时数，然后二者相加。

3. 程序实现

问题（1）程序：

```c
#include<stdio.h>
typedef struct
{
    int year;
    int month;
    int day;
} DATE;
int countday(DATE currentday)
{
    int pmonthdays[14]={0,0,31,59,90,120,151,181,212,243,273,304,334,365},
    sumdays=0,year=1990;
    while(year<currentday.year)
    {
        sumdays+=(((year%4==0&&year%100!=0)||year%400==0)?1:0)+365;
        year++;
    }
    if((year%4==0&&year%100!=0)||year%400==0)
        pmonthdays[2]+=1;
    sumdays+=pmonthdays[currentday.month];
    sumdays+=currentday.day;
    return sumdays;
}
void main()
```

```
{
    DATE theDay;
    int days;
    printf("年>");
    scanf("%d",&theDay.year);
    printf("月>");
    scanf("%d",&theDay.month);
    printf("日>");
    scanf("%d",&theDay.day);
    days=countday(theDay)-1;
    printf("总天数:%d\n",days);
    printf("总小时数:%d\n",days*24);
}
```

程序的运行结果如图 1.8 所示。

图 1.8

问题（2）程序：

```
#include<stdio.h>
typedef struct
{
    int year;
    int month;
    int day;
} DATE;
int countday(DATE currentday)
{
    int pmonthdays[14]={0,0,31,59,90,120,151,181,212,243,273,304,334,365},
    sumdays=0,year=1990;
    while(year<currentday.year)
    {
        sumdays+=(((year%4==0&&year%100!=0)||year%400==0)?1:0)+365;
        year++;
    }
    if((year%4==0&&year%100!=0)||year%400==0)
        pmonthdays[2]+=1;
    sumdays+=pmonthdays[currentday.month];
    sumdays+=currentday.day;
```

案例研究

```
        return sumdays;
    }
    void main()
    {
        DATE theDay1,theDay2;
        int days1,days2;
        printf("输入指定日期：\n");
        printf("年>");
        scanf("%d",&theDay1.year);
        printf("月>");
        scanf("%d",&theDay1.month);
        printf("日>");
        scanf("%d",&theDay1.day);
        days1=countday(theDay1)-1;
        printf("总天数:%d\n",days1);
        printf("总小时数:%d\n",days1*24);

        printf("输入另一指定日期：\n");
        printf("年>");
        scanf("%d",&theDay2.year);
        printf("月>");
        scanf("%d",&theDay2.month);
        printf("日>");
        scanf("%d",&theDay2.day);
        days2=countday(theDay2)-1;
        if(days1>days2)
        {
            printf("两个日期相差天数:%d\n",days1-days2);
        }
        else
        {
            printf("两个日期相差天数:%d\n",days2-days1);
        }
    }
```

程序的运行结果如图 1.9 所示。

图 1.9

问题（3）程序：

```c
#include<stdio.h>
typedef struct
{
    int year;
    int month;
    int day;
} DATE;
int countday(DATE currentday)
{
    int pmonthdays[14]={0,0,31,59,90,120,151,181,212,243,273,304,334,365};
    int sumdays=0,year=1990;
    while(year<currentday.year)
    {
        sumdays+=(((year%4==0&&year%100!=0)||year%400==0)?1:0)+365;
        year++;
    }
    if((year%4==0&&year%100!=0)||year%400==0)
        pmonthdays[2]+=1;
    sumdays+=pmonthdays[currentday.month];
    sumdays+=currentday.day;
    return sumdays;
}
void main()
{
    DATE theDay1,theDay2;
    int days1,days2;
    int clock1,clock2;
    printf("输入指定日期的某时：\n");
    printf("年>");
    scanf("%d",&theDay1.year);
    printf("月>");
    scanf("%d",&theDay1.month);
    printf("日>");
    scanf("%d",&theDay1.day);
    printf("时>");
    scanf("%d",&clock1);
    days1=countday(theDay1)-1;
    printf("输入另一指定日期的某时：\n");
    printf("年>");
    scanf("%d",&theDay2.year);
    printf("月>");
    scanf("%d",&theDay2.month);
    printf("日>");
```

案例研究

```
scanf("%d",&theDay2.day);
printf("时>");
scanf("%d",&clock2);
days2=countday(theDay2)-1;
if(days1>days2)
{
    printf("两个日期相差小时数:%d\n",(days1-days2-1)*24+(24-clock2)+clock1);
}
else
{
    printf("两个日期相差小时数:%d\n",(days2-days1-1)*24+(24-clock1)+clock2);
}
}
```

程序的运行结果如图 1.10 所示。

图 1.10

1.8 停车场计费程序

1. 问题描述

设计和实现一个停车场计费程序，功能要求如下：

（1）进场车辆登记。为了确保查找到车辆信息并计算出停车费用，要求程序可以记录与车辆计费有关的信息，如车牌号、入场时间、出场时间、停车费等信息。

（2）录入或修改停车场计费标准。停车场以小时为基本收费单位。要求程序可以录入或修改收费标准。

（3）出场车辆收费。停车场根据车辆停车时长和收费标准计算停车费用（按小时数结算）。

（4）查询车辆计费信息。给定车牌号，显示车辆停车信息。

（5）统计停车场收费总额。

2. 问题分析与设计

采用链表（线性表）结构存储车辆停车信息，即设置车辆停车信息链表和车辆历史停车信息链表。设置车辆停车信息链表，保存正在停车场中停放还未离开停车场的车辆信息，车辆进入停车场，创建新节点，采用头插法插入链表。而车辆历史停车信息链表，保存曾经在停车场停放过的车辆信息。车辆离开停车场时记录出场时间和计算收费额，并保存，然后将车辆信息节点转移到车辆历史停车信息链表中。为了便于链表的操作，两个链表均设置头节点。建立日期、时间结构体和车辆停车信息结构体描述车辆信息节点。链表结构为车辆信息记录的增加、删除提供了方便。

3. 程序实现

```c
#include<stdio.h>
#include<conio.h>
#include<string.h>
#include<malloc.h>
#include<math.h>
typedef struct                    //日期、时间
{
    int year;
    int month;
    int day;
    int hour;
} DATETIME;
typedef struct CarPark            //车辆停车信息
{
    char plate_number[10];        //车牌号
    DATETIME entry_time;          //入场时间
    DATETIME out_of_time;         //出场时间
    float parking_fee;            //停车费
    struct CarPark *next;         //指向后继节点
} LinkList;
//计算某日期距离1990年的天数
int countdays(DATETIME t)
{
    //除闰年外，每个月到1月1日间的天数
    int pmonthdays[14]={0,0,31,59,90,120,151,181,212,243,273,304,334,365};
    int sum=0,year=1990;
    //计算1990年到日期所在年所包含的天数
    while(year<t.year)
    {
        sum+=(((year%4==0&&year%100!=0)||year%400==0)?1:0)+365;
        year++;
    }
    //如果是闰年，增加闰年天数
    if((year%4==0&&year%100!=0)||year%400==0)
        pmonthdays[2]+=1;
    //计算日期所在月与1月1日间的天数
    sum+=pmonthdays[t.month];
    //增加日数，即当月1日到当日的天数
```

```
        sum+=t.day;
        return sum;
}
/*进场车辆登记。
登记进入并且正停放在停车场中的车辆的有关信息。采用尾插法*/
void chick_in(LinkList *&L)                    //L为指向链表头节点的指针
{
    char pm[10];
    LinkList *p,*r=L;
    fflush(stdin);
    printf("车牌号>");
    gets(pm);
    while(r->next!=NULL)                        //查询链表中是否有相同的记录
    {
        if(!strcmp(pm,r->next->plate_number))
        {
            printf("该车辆已经在车场中\n");        //存在相同记录
            break;
        }
        r=r->next;
    }
    if(r->next==NULL)                           //已经移动到链表尾节点
    {
        //保存车辆及入场信息到节点中
        p=(LinkList *)malloc(sizeof(LinkList));//创建新节点，记录车辆停车消息
        strcpy(p->plate_number,pm);
        fflush(stdin);
        printf("入场日期和时间（年 月 日 时）>");
        scanf("%d%d%d%d",&p->entry_time.year,&p->entry_time.month,
                &p->entry_time.day,&p->entry_time.hour);
        //将新节点链接到车辆停车信息链表尾部
        r->next=p;
        p->next=NULL;
    }
}
//输入或修改停车场收费标准
float fee_scale()
{
    float fscale=0;
    printf("收费标准>");
    fflush(stdin);
    scanf("%f",&fscale);
    if(fscale<0)    //排除非法数据
        printf("数据非法\n");
    else
```

```
        printf("已成功保存\n");
    return fscale;
}
/*保存停车记录到q指针节点之后，删除p指针的后继节点
p指向车辆停车信息链表中要删除的车辆记录节点，q指向车辆历史停车信息链表的头节点。采用头
插法*/
int trans(LinkList *&p,LinkList *&q)
{
    LinkList *r=p,*s;                //拖后指针r
    if(r==NULL)
        return 0;
    else
    {
        s=r->next;                   //s指向待删除节点
        if(s==NULL)
            return 0;
        r->next=r->next->next;       //删除p的后继节点
        s->next=q->next;             //采用头插法，将上述节点插入车辆历史停车信息链表
        q->next=s;
        return 1;
    }
}
/*出场收费
p指向车辆停车信息链表头节点，r指向车辆历史停车信息链表的头节点，
fscale收费标准*/
int out_parkinglot(LinkList *&p,LinkList *&r,float fscale)
{
    int h;                           //小时数
    char pm[10];
    LinkList *q=p->next,*d=p;         //设拖后指针d
    printf("车牌号>");
    fflush(stdin);
    gets(pm);
    while(q!=NULL)                   //查找车辆
    {
        if(!strcmp(q->plate_number,pm))
            break;
        d=q;
        q=q->next;
    }
    if(q!=NULL)
    {
        printf("已经找到车辆\n");
        //计算停车费用
        printf("出场日期和时间（年 月 日 时）>");
```

```
        fflush(stdin);
        scanf("%d%d%d%d",&q->out_of_time.year,&q->out_of_time.month,
            &q->out_of_time.day,&q->out_of_time.hour);
        h=(countdays(q->out_of_time)-countdays(q->entry_time)-1)*24+
            (24-q->entry_time.hour)+q->out_of_time.hour;
        q->parking_fee=h*fscale;      //计算停车费
        //删除车辆停车信息链表记录，保存到车辆历史停车信息链表
        trans(d,r);
        return 1;
    }
    else
    {
        printf("未查到该车辆\n");
        return 0;
    }
}
//查询计费信息。在车辆历史停车信息链表中查找车辆记录（节点），并输出信息
void seekcarparked(LinkList *p)
{
    LinkList *q=p->next;
    char pm[10];
    printf("车牌号>");
    fflush(stdin);
    gets(pm);
    while(q!=NULL)
    {
        if(!strcmp(q->plate_number,pm))
        {
            printf("进场时间:%d.%d.%d %d:00\n",q->entry_time.year,
                q->entry_time.month,q->entry_time.day,q->entry_time.hour);
            printf("出场时间:%d.%d.%d %d:00\n",q->out_of_time.year,
                q->out_of_time.month,q->out_of_time.day,q->out_of_time.hour);
            printf("停车费:%.2f\n",q->parking_fee);
        }
        q=q->next;
    }
}
//统计当前收费总额
void totalcarparked(LinkList *p)
{
    LinkList *q=p->next;
    float sum=0;
    while(q!=NULL)
    {
        sum+=q->parking_fee;
```

```
            q=q->next;
        }
        printf("停车场收费总额:%.2f\n",sum);
}
//链表初始化
void InitList(LinkList *&L)   //L为链表的头指针
{
    //创建头节点，空链表
    L=(LinkList *)malloc(sizeof(LinkList));
    L->next=NULL;
}
void main()
{
    int sel;
    float fscale=0;          //停车场计费标准
    LinkList *p,*q;
    //创建停车场的车辆停车信息链表（车辆已经进入，还未出停车场）
    InitList(p);
    //创建车辆历史停车信息链表，保存曾经在停车场中停放过的车辆的信息
    InitList(q);
    do
    {
        printf("\t\t停车场收费程序\n");
        printf("1.进场车辆登记\n");
        printf("2.录入或修改停车场计费标准\n");
        printf("3.出场车辆收费\n");
        printf("4.查询车辆计费信息\n");
        printf("5.统计停车场收费总额\n");
        printf("6.退出\n选择以上功能>");
        fflush(stdin);
        scanf("%d",&sel);
        switch(sel)
        {
        case 1:chick_in(p);break;
        case 2:fscale=fee_scale();break;
        case 3:out_parkinglot(p,q,fscale);break;
        case 4:seekcarparked(q);break;
        case 5:totalcarparked(q);break;
        case 6:printf("程序结束运行\n");break;
        default:printf("输入非法\n");
        }
    }while(sel!=6);
}
```

程序的运行结果如图 1.11 所示。

图 1.11

1.9 单处理器系统进程调度程序

1. 问题描述

在多道程序的系统中，常有若干个进程同时处于就绪状态。当就绪进程个数大于处理器数时，就必须依照某种策略来决定哪些进程优先占用处理器。编写程序设计一个单处理器系统下，采用时间片轮转调度算法，实现进程调度的模拟程序。

2. 问题分析与设计

时间片轮转调度（Round Robin，RR）算法是指，程序将所有就绪进程按照进入就绪队列的先后次序排列。每次调度时把 CPU 分配给队首进程，让其执行一个时间片，当时间片用完，由计时器发出时钟中断，调度程序则暂停该进程的执行，使其退出处理器，并将它送到就绪队列的末尾，等待下一轮调度执行。时间片轮转法的时间片选择分为固定时间片和可变时间片。程序选择固定时间片方法。时间片轮转法的工作原理如图 1.12 所示。

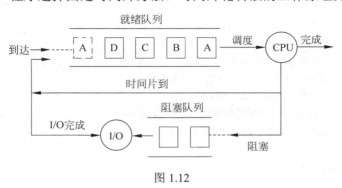

图 1.12

（1）假定系统有 5 个进程，每一个进程用一个进程控制块 PCB 来代表。进程控制块包含进程的如下属性：

进程名 指针 要求运行时间 已运行时间 状态

- 进程名：是进程的标识，5 个进程的进程名分别为 Q1、Q2、Q3、Q4、Q5。
- 指针：进程按顺序排成循环队列，用指针指出下一个进程的进程控制块的首地址，最后一个进程的指针指向第一个进程的进程控制块首地址。
- 要求运行时间：进程需要运行的单位时间数。
- 已运行时间：进程已经运行的单位时间数，初始值为 0。
- 状态：有两种状态，即"就绪"和"结束"，初始状态都为"就绪"，用 R 表示；当一个进程运行结束后，它的状态为"结束"，用 E 表示。

（2）处理器调度程序每次运行前，为每个进程任意确定一个"要求运行时间"。

（3）把 5 个进程按顺序排成循环队列，用指针指出队列连接状况。另用一个标志单元记录轮到运行的进程。例如，当前轮到 K2 执行，则有：

标志单元 K2

K1

Q1 K2 2 1 R PCB1

K2

Q2 K3 3 0 R PCB2

K3

Q3 K4 1 0 R PCB3

K4

Q4 K5 2 0 R PCB4

K5

Q5 K1 4 0 R PCB5

（4）处理器调度总是选择标志单元指示的进程运行。由于本实验是实现模拟处理器调度的功能，所以对被选中的进程并不实际启动运行，而是执行"已运行时间+1"来模拟进程的一次运行，表示进程已经运行过一个单位的时间。 在实际的系统中，当一个进程被选中运行时，必须设置该进程可以运行的时间片值，以及恢复进程的现场，让它占有处理器运行，直到出现等待事件或运行满一个时间片。现在省去了这些工作，仅用"已运行时间+1"来表示进程已经运行满一个时间片。

（5）进程运行一次后，应把该进程的进程控制块中的指针值送到标志单元，以指示下一个轮到运行的进程。同时，判断该进程的要求运行时间与已运行时间，若该进程的要求运行时间≠已运行时间，则表示它尚未执行结束，应待到下一轮时再运行；若该进程的要求运行时间=已运行时间，则表示它已经执行结束，应将它的状态修改成"结束"（E）且退出队列。此时，应把该进程的进程控制块中的指针值送到前面一个进程的指针位置。

（6）若"就绪"状态的进程队列不为空，则重复上面的步骤（4）和（5），直到所有的进程都成为"结束"状态。

（7）程序能显示或打印每次选中进程的进程名及运行一次后，进程队列的变化。

（8）为 5 个进程任意确定一组"要求运行时间"，启动处理器调度程序，显示或打印逐次被选中的进程名以及进程控制块的动态变化过程。

3. 程序实现

```c
#include<stdio.h>
#include<windows.h>
#include<time.h>
#include<string.h>
#define MT 5                          //进程要求运行时间的最大值
#define NUM 5                         //就绪进程数量
typedef struct pcbnode               //进程PCB
{
    char proname[10];                //进程名
    int qutime;                      //要求运行时间
    int runtime;                     //已运行时间
    char status;                     //状态
    struct pcbnode *next;            //指针
} PCBNode;
typedef struct                       //就绪队列
{
    PCBNode *front;                  //队首指针，充当标志单元
    PCBNode *rear;
} ReadyQueue;
//建立就绪队列，初始化就绪进程
PCBNode *initreadqueue(ReadyQueue *&rdq)
{
    int i,t;
    char str[]="Q1";
    PCBNode *p;
    //建立就绪队列
    rdq=(ReadyQueue *)malloc(sizeof(ReadyQueue));
    rdq->front=rdq->rear=NULL;
    srand(time(NULL));
    //初始化就绪进程，建立5个进程控制块
    for(i=1;i<=NUM;i++)
    {
        p=(PCBNode *)malloc(sizeof(PCBNode));   //创建新进程PCB
        str[1]='0'+i;
        strcpy(p->proname,str);    //进程名称，Q1，Q2，Q3，Q4，Q5
        t=1+rand()%MT;
        p->qutime=t;                 //要求运行时间
        p->runtime=0;                //已运行时间
        p->status='R';               //状态，初始状态为"就绪"
        if(rdq->rear==NULL)          //若链队为空，新节点是队首节点又是队尾节点
```

```
                rdq->front=rdq->rear=p;
            else
            {
                rdq->rear->next=p;      //将*p节点链到队尾,并将rear指向它
                rdq->rear=p;
            }
            p->next=rdq->front;         //构成循环链表
        }
        return rdq->front;
}
//判断队列是否为空
int readyQueueEmpty(ReadyQueue *rdq)
{
        return(rdq->rear==NULL);
}
//输出队列
void outputRdq(ReadyQueue *rdq)
{
        PCBNode *p=rdq->front;
        if(readyQueueEmpty(rdq))
            printf("所有进程结束\n");
        else
        {
            do
            {
                printf("%s ",p->proname);
                p=p->next;
            }while(p!=rdq->front);
            printf("\n");
        }
}
//进程退出就绪队列
PCBNode *exitQueue(ReadyQueue *rdq)
{
        PCBNode *t;
        if(rdq->rear==NULL)
            return NULL;                //队列为空
        t=rdq->front;                   //t指向第一个数据节点
        if(rdq->front==rdq->rear)       //队列中只有一个节点时
        {
            rdq->front=rdq->rear=NULL;
        }
        else                            //队列中有多个节点时
```

案例研究

```
        {
            rdq->front=rdq->front->next;
            rdq->rear->next=rdq->front;    //构成循环链表
        }
        printf("进程%s结束\n",t->proname);
        free(t);
        return rdq->front;
    }
    //进程切换
    PCBNode *schedulePros(ReadyQueue *rdq)
    {
        PCBNode *q=rdq->front;
        q->runtime+=1;
        if(q->qutime==q->runtime)         //当前进程已经执行结束
        {
            q->status='E';                //状态修改成"结束"（E）
            exitQueue(rdq);               //退出就绪队列
        }
        else
        {
            rdq->rear=rdq->front;
            rdq->front=rdq->front->next;
        }
        return q;
    }
    void main()
    {
        ReadyQueue *rdq;
        initreadqueue(rdq);               //建立就绪队列，初始就绪进程
        outputRdq(rdq);                   //输出当前进程状况
        while(!readyQueueEmpty(rdq))
        {
            printf("运行进程：%s\n",rdq->front->proname);   //模拟运行进程
            Sleep(1000);          /*睡眠1秒，模拟进程占用CPU一个时间片，
                                    Sleep参数单位为毫秒*/
            schedulePros(rdq);    /*时间片用完，模拟调度程序接管CPU，进程切换*/
            outputRdq(rdq);               //输出当前进程状况
        }
        free(rdq);
    }
```

程序的运行结果如图 1.13 所示。

Q1 Q2 Q3 Q4 Q5
运行进程：Q1
Q2 Q3 Q4 Q5 Q1
运行进程：Q2
进程Q2结束
Q3 Q4 Q5 Q1
运行进程：Q3
Q4 Q5 Q1 Q3
运行进程：Q4
Q5 Q1 Q3 Q4
运行进程：Q5
Q1 Q3 Q4 Q5
运行进程：Q1
Q3 Q4 Q5 Q1
运行进程：Q3
Q4 Q5 Q1 Q3
运行进程：Q4
Q5 Q1 Q3 Q4
运行进程：Q5
Q1 Q3 Q4 Q5
运行进程：Q1
进程Q1结束
Q3 Q4 Q5
运行进程：Q3
进程Q3结束
Q4 Q5
运行进程：Q4
Q5 Q4
运行进程：Q5
进程Q5结束
Q4
运行进程：Q4
Q4
运行进程：Q4
进程Q4结束
所有进程结束
Press any key to continue

图 1.13

第2章　实验指导

2.1　实验问题及案例研究

2.1.1　实验 1　C 语言程序设计基础

1. 实验目的

（1）掌握主函数的定义、预处理命令、注释和运用方法；

（2）掌握基本数据类型变量的定义、初始化和运用方法；

（3）掌握算术运算符及其运用方法；

（4）掌握基本数据类型数据的输入、输出和运用方法。

2. 实验案例研究

首先分析研究以下案例，以了解寻找解决实验问题求解的技术方法和途径。

（1）问题描述：以下程序输入某学生 3 门课程的考试成绩和平时成绩，计算各科的总评成绩（总评成绩=考试成绩×60% +平时成绩×40%），统计计算 3 门课程的考试成绩、平时成绩和总评成绩的总分和平均分，要求按如图 2.1 所示格式输出学生成绩表。

课程名称	考试成绩	平时成绩	总评成绩
X 学生成绩表			
高等数学	91	95	92.6
英语精读	85	100	91.0
C 程序设计	95	90	93.0
总分	271	285	276.6
平均分	90.3	95.0	92.2

图 2.1

（2）设计思想：通过对问题的分析，该问题涉及的数据包括要求的输入数据和要求统计和计算的数据两类。要求的输入数据：学生姓名，3 门课程的考试成绩；要求统计和计算的数据：3 门课程的总评成绩，3 门课程的考试成绩、平时成绩和总评成绩的总分和平均分。程序中要对问题所涉及数据，通过变量定义为它们分配存储空间和适当的初始化，然后进行处理。按照数据之间的逻辑关系，各科总评成绩=科目考试成绩×60% +科目平时成绩×40%，各项总分为考试成绩、平时成绩、总评成绩各科相应分数之和，各项平均分为考试成绩、平时成绩、总评成绩的总分除 3。程序中通过设计算术运算表达式实现各数据的计算。最后按照问题要求的输出格式将计算结果输出。

（3）问题的实现代码如下：

```c
#include<stdio.h>
void main()
{
                                            //定义变量和初始化
    char name='A';                          //学生姓名，用一个字母代替
    int n=3,m1,e1,c1,m2,e2,c2;              //科目数量，3门课程的考试和平时成绩
    float m,e,c;                            //各科目总评成绩
    int s1,s2;                              //3门课程的考试、平时和总评的总分
    float s3;
    float a1,a2,a3;                         //3门课程的考试、平时和总评的平均分
    //输入3科的考试成绩
    printf("输入高数、精读、C程序的考试成绩：");
    scanf("%d%d%d",&m1,&e1,&c1);
    //输入3科的平时成绩
    printf("输入高数、精读、C程序的平时成绩：");
    scanf("%d%d%d",&m2,&e2,&c2);
    //计算3科总评成绩
    m=m1*0.6+m2*0.4;
    e=e1*0.6+e2*0.4;
    c=c1*0.6+c2*0.4;
    //计算3门课程的考试、平时和总评的总分
    s1=m1+e1+c1;
    s2=m2+e2+c2;
    s3=m+e+c;
    //计算3门课程的考试、平时和总评的平均分
    a1=(float)s1/n;
    a2=(float)s2/n;
    a3=s3/n;
    //输出学生成绩表
    printf("\t\t%c学生成绩表\n",name);
    printf("_____\n");
    printf("课程名称考试成绩平时成绩总评成绩\n");
    printf("_____\n");
    printf("%-10s%-10d%-10d%-10.1f\n","高等数学",m1,m2,m);
    printf("%-10s%-10d%-10d%-10.1f\n","英语精读",e1,e2,e);
    printf("%-10s%-10d%-10d%-10.1f\n","C程序设计",c1,c2,c);
    printf("_____\n");
    printf("%-10s%-10d%-10d%-10.1f\n","总分",s1,s2,s3);
    printf("_____\n");
    printf("%-10s%-10.1f%-10.1f%-10.1f\n","平均分",a1,a2,a3);
    printf("_____\n");
}
```

（4）程序的运行结果如图 2.2 所示。学生可以分析和模仿程序的各功能部分（数据说明和输入、数据处理、结果输出）的实现方法，以及输出格式的控制方法，用于自己的实验中。

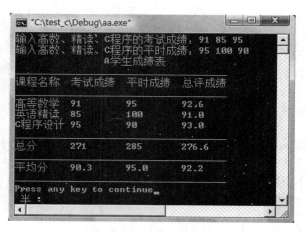

图 2.2

3. 实验内容

模仿以上案例程序，设计一个计算由 5 个元件组成的并联系统可靠性 MTBF 的程序。若一个并联系统由 n 个子系统构成并联结构，只要这些子系统中有一个能够正常工作，那么整个系统就能正常工作。假设系统的各个子系统的可靠性分别用 $R1$，$R2$，$R3$，……，Rn 表示，则系统的可靠性 $R=1-(1-R1)\times(1-R2)\times(1-R3)\times\cdots\times(1-Rn)$。

提示：定义 $n+1$ 个单精度变量，保存 n 个子系统的可靠性数据 $R1$，$R2$，$R3$，……，Rn 和系统可靠性数据 R，通过 scanf 函数输入用户的 n 个子系统的可靠性数据，然后根据以上公式计算系统可靠性 R，最后通过 printf 函数输出系统可靠性 R。

2.1.2　实验 2　选择结构

1. 实验目的

（1）了解 C 语言逻辑值的表示方法（0 代表"假"，非 0 代表"真"）；

（2）学会正确使用关系运算符、逻辑运算符和条件运算符；

（3）掌握 if 语句的使用方法，包括 if 语句的嵌套；

（4）掌握多分支选择语句 switch 的运用方法；

（5）学会简单选择结构程序的设计；

（6）学会简单界面设计方法。

2. 实验案例研究

（1）问题描述：高速公路车辆通行费征收标准如表 2.1 所示。编写一个高速公路通过车辆的收费程序，如果是客车，按座位数和通行公里数计算收费；如果是货车，按吨位数和通行公里数计算收费。

表 2.1

车 辆 类 型	座 位 数	收费标准/（元/（车公里））
客车	小型客车，6座以下（含6座）	0.40
	中型客车，6座至20座（含20座）	0.60
	大型客车，20座至50座（含50座）	0.80
	特大型客车，50座以上	1.00

车 辆 类 型	吨 位 数	收费标准/（元/（车公里））
货车	小型货车，2吨以下（含2吨）	0.60
	中型货车，2至5吨（含5吨）	0.80
	大型货车，5至10吨（含10吨）	1.00
	重型货车，10至20吨（含20吨）	1.20
	特型货车，20吨以上	1.60

注：客车以座位数收费，货车按登记最高载重量收费

（2）设计思想：首先通过车辆类型缩小范围至客车或货车，通过座位数或吨位数确定每公里单价，输入获得里程数后，计算出收费数。

（3）问题的实现代码如下：

```
#include<stdio.h>
void main()
{
    int s,n,w,flag=1;      /*定义变量：车辆类型（1表示客车，2表示货车）、座位数、吨位
                             数、标志*/
    float l,p;             //通行旅程数、收费标准
    printf("输入车辆类型：");
    scanf("%d",&s);
    switch(s)
    {
    case 1:
        printf("输入车辆座位数：");
        scanf("%d",&n);
        if(n<=0)
            flag=-1;
        else
        {
            if(n<=6)
                p=0.4;
            else if(n>6 && n<=20)
                p=0.6;
            else if(n>20 && n<=50)
                p=0.8;
            else
                p=1.00;
        }
        break;
```

```
        case 2:
            printf("输入车辆吨位数: ");
            scanf("%d",&w);
            if(w<=0)
                flag=-1;
            else
            {
                if(w<=2)
                    p=0.6;
                else if(w>2 && w<=5)
                    p=0.8;
                else if(w>5 && w<=10)
                    p=1.00;
                else if(w>10 && w<=20)
                    p=1.20;
                else
                    p=1.60;
            }
            break;
        default:
            flag=-1;
        }
        if(flag!=-1)
        {
            printf("输入通行旅程数: ");
            scanf("%f",&l);
            if(l>0)
                printf("该车应缴费: %8.2f\n",l*p);
            else
                printf("输入数据错误");
        }
        else
            printf("输入数据错误");
}
```

（4）程序的运行结果如图 2.3 所示。学生可以模仿程序中对数据分类选择的实现方法，各功能部分（数据说明和输入、数据处理、结果输出）的实现方法，用于自己的实验中。

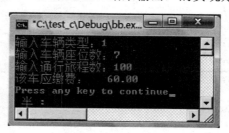

图 2.3

3. 实验内容

（1）多分支编程实验：根据以下分段函数定义，对输入的自变量 x 的值，计算函数 $f(x)$ 的值。

$$f(x) \begin{cases} 4, & x < -2 \\ x^2, & -2 \leqslant x \leqslant 2 \\ x+2, & 2 < x \leqslant 10 \\ 12, & 10 < x \end{cases}$$

要求用 if 语句和 switch 语句分别实现该程序。

（2）选择结构综合实验：某高校为外聘教师制定了计算课酬的标准，如表 2.2 所示。编写一个根据该标准和教师承担的课时数为教师计算课酬的程序。

表 2.2

课 程 类 型	教师职称	课酬（元/每课时）班级学生人数
公共课	教授	80 人以内：70 元；超过 80 人，每人加 0.2 元
	副教授	80 人以内：50 元；超过 80 人，每人加 0.2 元
	讲师	80 人以内：35 元；超过 80 人，每人加 0.1 元
	助教	80 人以内：20 元；超过 80 人，每人加 0.1 元
专业课	教授	40 人以内：85 元；超过 40 人，每人加 0.3 元
	副教授	40 人以内：70 元；超过 40 人，每人加 0.3 元
	讲师	40 人以内：40 元；超过 40 人，每人加 0.2 元
	助教	40 人以内：30 元；超过 40 人，每人加 0.1 元
实验课	教授	40 人以内：60 元；超过 40 人，每人加 0.4 元
	副教授	40 人以内：40 元；超过 40 人，每人加 0.4 元
	讲师	40 人以内：30 元；超过 40 人，每人加 0.3 元
	助教	40 人以内：25 元；超过 40 人，每人加 0.2 元

（3）数字转换为星期：要求将输入的数字 1～7 转换成文字星期几，对其他数字不转换。例如，输入 5 时，程序输出 Friday。

2.1.3 实验 3 循环结构

1. 实验目的

（1）理解循环结构的含义；

（2）掌握 while 语句、do-while 语句和 for 语句的语法特点和实现循环结构的方法；

（3）掌握程序设计中使用循环的方法及常用算法的实现。

2. 实验案例研究

（1）问题描述：编写一个猜测商品价格的游戏程序，由程序随机产生一个 100～500 元之间的商品的价格供人猜，如果猜中就显示猜测该价格的次数，游戏结束；否则，就提示所猜测的价格高了还是低了，最多可以猜 10 次，如果超过 10 次仍未猜中，则停止本次游戏，然后产生新商品的价格继续猜。程序可以反复执行，直到操作者停止程序。

（2）设计思想：由程序产生设定范围的随机数作为商品价格，然后通过循环语句控制用户输入猜测的价格，并判断两数的关系，"相等"表示猜中，"大于"表示猜测高了，"小于"表示猜测低了，回到循环开始，继续以上过程。

（3）问题的实现代码如下：

```
#include<stdio.h>
#include<stdlib.h>
#include<conio.h>
#include<time.h>
#define L 100                           //商品价格下限
#define H 500                           //商品价格上限
void main()
{
    int price;                          //系统随机产生的价格
    int guess;                          //用户猜的数
    int n;                              //猜数次数
    int c;
    srand((unsigned int)time(NULL));
    do
    {
        n=0;
        price=rand()%(H-L+1)+L;         //随机产生[L,H]的价格
        while(n++<10)
        {
            printf("请猜商品价格，该品价格在%d至%d范围内:",L,H);
            scanf("%d",&guess);
            if(guess==price)
            {
                printf("猜对了，你共猜了%d次\n",n);
                break;
            }
            else if(guess>price)
                printf("没有猜对了，太高\n");
            else
                printf("没有猜对了，太低\n");
        }
        printf("继续猜价格吗(0/1)？ ");
        scanf("%d",&c);
    }while(c);
    printf("欢迎下次再玩\n");
}
```

（4）程序的运行结果如图 2.4 所示。

图 2.4

3．实验内容

编程实现以下功能：

（1）从 200～500 的整型数中找出能被 7 和 9 同时整除的所有整型数。

（2）计算 1+(1+2)+(1+2+3)+(1+2+3+4)+…+(1+2+…+10)的值。

（3）设 0<a<b，a*b=2698，且 a+b 最小，求 b。

（4）输入 10 个学生的考分（为 0～100 的整数），分类统计 0～59、60～69、70～79、80～89、90～100 各分数段有多少个。

2.1.4　实验 4　数组

1．实验目的

（1）掌握数值类型一维数组和二维数组的定义、初始化以及输入输出的方法；

（2）掌握用一维数组及二维数组解决实际问题的算法；

（3）掌握字符型数组的定义、初始化以及输入输出的方法；

（4）掌握用字符型数组解决字符串问题的方法；

（5）掌握常用字符串处理函数的应用。

2．实验案例研究

（1）问题描述：编程实现将一个字符数组循环右移 3 个位置，如"abcdefg"右移 3 个位置变为"efgabcd"。

（2）设计思想：循环右移一位，反复 3 次。

（3）问题的实现代码如下：

```
#include<stdio.h>
void main()
{
```

实验指导

```
char x[]={'a','b','c','d','e','f','g'},tmp;
int i,j;
for(j=0;j<=2;j++)
{
    tmp=x[6];
    for(i=5;i>=0;i--)
        x[i+1]=x[i];
    x[0]=tmp;
}
for(i=0;i<=6;i++)
    printf("%c",x[i]);
printf("\n");
}
```

（4）程序的运行结果如图 2.5 所示。

图 2.5

请考虑：是否还有其他更好的解决方法？

3. 实验内容

（1）编写学生成绩管理程序。为简化设计，学生人数、课程名称和课程门数可以事前确定。程序应包括的主要功能：

① 可输入学生学号和对应学生的课程成绩；

② 按学生学号查询成绩表，输出各门课的成绩。

（2）找出二维数组的"鞍点"。鞍点是二维数组中某行某列位置上的一个元素，这个元素在该行上最大，在该列上最小，有的二维数组中可能不存在鞍点，例如以下右侧的二维数组。可以用以下二维数组测试程序。

$$\begin{pmatrix} 9 & 80 & 205 & 40 \\ 90 & -60 & 96 & 1 \\ 210 & -3 & 101 & 89 \end{pmatrix} \qquad \begin{pmatrix} 9 & 80 & 205 & 40 \\ 90 & -60 & 196 & 1 \\ 210 & -3 & 101 & 89 \\ 45 & 54 & 156 & 7 \end{pmatrix}$$

2.1.5 实验 5 函数

1. 实验目的

（1）掌握函数的定义方法；

（2）掌握函数实参与形参的对应关系，以及数据传递的方式；

（3）掌握函数的嵌套调用和递归调用的方法；

（4）掌握全局变量和局部变量、动态变量、静态变量的概念和使用方法。

2. 实验案例研究

（1）问题描述：编写一个函数，功能是将一个字符串中的元音字母复制到另一个字符串，然后返回。

（2）设计思想：从第一个字符串的首字符开始，逐一查找元音字母并赋值到目标字符串。

（3）问题的实现代码如下：

```c
#include<stdio.h>
#include<string.h>
void cpy(char s[],char c[])
{
    int i=0,j=0,l=strlen(s);
    while(i<l || s[i]!='\0')
    {
        switch(s[i])
        {
            case 'a':
            case 'e':
            case 'i':
            case 'o':
            case 'u':
            case 'A':
            case 'E':
            case 'I':
            case 'O':
            case 'U':
            c[j++]=s[i];
        }
        i++;
    }
    c[j]='\0';
}
void main()
{
    char a[]="I am a senior student from Peking University.",b[100];
    cpy(a,b);
    puts(b);
}
```

（4）程序的运行结果如图2.6所示。

图2.6

实验指导

3. 实验内容

（1）编程统计班级某门课程考试的平均分和 80 分以上的人数占考试及格人数的百分比，最后输出统计结果。

（2）编写一个求集合 A 和 B 的并运算 $A \cup B$ 的函数（A、B 都是非重复集合）。

2.1.6 实验 6 自定义数据类型

1. 实验目的

（1）掌握结构体类型变量的定义和使用；

（2）掌握结构体类型数组的概念和应用。

2. 实验案例研究

（1）问题描述：学生买了 n 本书，每本书的信息包括书名、书号、作者、出版社、单价、版次（出版时间，版数）。要求用结构体数组保存这 n 本书的信息，从键盘输入书的数量 n 和每本书的信息，输出每本书的书名、书号、作者、出版社、单价、版次和买这 n 本书共花了多少钱。

（2）设计思想：（略）。

（3）问题的实现代码如下：

```c
#include<stdio.h>
#include<string.h>
struct Book
{
    char name[50];          //书名
    char ISBN[17];          //书号
    char writer[10];        //作者
    char press[20];         //出版社
    float price;            //单价
    char version[15];       //版次
};
void main()
{
    struct Book mybook[10]; //学生买的n本书
    int i,n;
    float total=0;
    printf("输入买书的数量：");
    scanf("%d",&n);
    if(n>0)
    {
        for(i=0;i<n;i++)
        {
            printf("请输入第%d本书的信息\n",i+1);
            printf("书名：");
            scanf("%s",&mybook[i].name);
            printf("书号：");
```

```
            scanf("%s",&mybook[i].ISBN);
            printf("作者：");
            scanf("%s",&mybook[i].writer);
            printf("出版社：");
            scanf("%s",&mybook[i].press);
            printf("单价：");
            scanf("%f",&mybook[i].price);
            printf("版次：");
            scanf("%s",&mybook[i].version);
        }
        printf("%d书的信息如下:\n",n);
        for(i=0;i<n;i++)
        {
            printf("%d.%s,%s,%s,",i+1,mybook[i].name,mybook[i].ISBN,mybook[i].
            writer);
            printf("%s,%6.2f,%s\n",mybook[i].press,mybook[i].price,mybook[i].
            version);
            total+=mybook[i].price;
        }
        printf("%d书共花费：%6.2f\n",n,total);
    }
}
```

（4）程序的运行结果如图 2.7 所示。

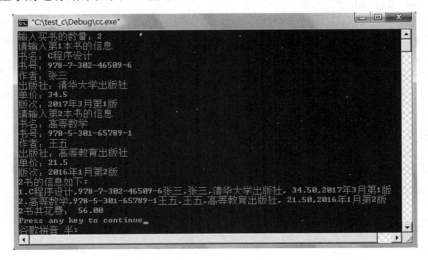

图 2.7

3. 实验内容

任意输入一个 12 位的学号，程序给出该学号所包含的信息。例如，某大学的学号信息含义是：第 1、2、3、4 位表示入学年份；第 5 位表示该生录取时的国籍或地区；第 6、7 位表示最初录取专业所在学院（例如，01 经管、02 语言、03 法学、04 理学、05 建工、

06 电信）；第 8、9 位表示专业代号（例如，01 会计学、02 工商管理、03 国际经济与贸易、04 物流管理、05 市场营销、06 文化产业管理、07 酒店管理、08 保险学、09 信息系统管理）；第 10 位表示录取行政班级序号；第 11、12 位表示班内序号。例如，学号 201710101129，含义是：17 级（2017 年入学）经管院会计专业一班 29 号同学。

2.1.7　实验 7　指针

1. 实验目的

（1）掌握指针和间接访问的概念，学会定义和使用指针变量；

（2）掌握指针变量的赋值与引用方法；

（3）掌握指针变量与数组的关系；

（4）掌握字符串的指针和指向字符串的指针变量的使用。

2. 实验案例研究

问题 1：字符串合并

（1）问题描述：使用指针实现将两个字符串合并为一个字符串的程序。

（2）设计思想：设置两个指针，分别指向目的字符串的尾部和源字符串的头部，然后向后逐一将源字符串的字符赋值给目的字符串。

（3）问题的实现代码如下：

```c
#include<stdio.h>
#include<string.h>
void mstrcat(char *d,char *s)
{
    char *p1,*p2=s;
    p1=d+strlen(d);
    while(*p2!='\0')
    {
        *p1=*p2;
        p1++;
        p2++;
    }
    *p1='\0';
}
void main()
{
    char a[100]="It is exceedingly great to hear that ",b[100]="an activity
    will be held in our college.";
    mstrcat(a,b);
    puts(a);
}
```

（4）程序的运行结果如图 2.8 所示。

图 2.8

问题 2：整型数组排序

（1）问题描述：用指针实现将一个整型数组按递增次序重新排列。

（2）设计思想：采用冒泡排序算法实现。

（3）问题的实现代码如下：

```c
#include<stdio.h>
void msort(int *s,int n)
{
    int *p=s,*pb=s,*pmin,*pe=s+n,tmp;
    while(pb<pe)
    {
        p=pmin=pb;
        while(p<pe)
        {
            if(*p<*pmin)
                pmin=p;
            p++;
        }
        tmp=*pb;
        *pb=*pmin;
        *pmin=tmp;
        pb++;
    }
}
void main()
{
    int a[]={2,4,5,2,1,6,7,8,1},*p=a,*e=a+9;
    msort(a,9);
    while(p<e)
        printf("%d ",*p++);
    printf("\n");
}
```

（4）程序的运行结果如图 2.9 所示。

图 2.9

3. 实验内容

（1）求集合的差。编写一个求集合 *A* 和 *B* 的差运算 *A–B*（存在于 *A* 而不存在于 *B* 的元素集合）的函数（*A*、*B* 都是非重复集合）。

（2）写一个函数，求一个字符串的长度。在 main 函数中输入字符串，然后输出该字符串的长度。

2.1.8　实验 8　文件

1. 实验目的

（1）掌握文件以及缓冲文件系统、文件指针的概念；

（2）掌握文件的打开、关闭、读和写等文件操作及其应用；

（3）掌握文件的定位、判断错误等操作及其应用。

2. 实验案例研究

（1）问题描述：编写程序，将指定的文件中的大写字母转换成小写字母。

（2）设计思想：以读方式打开文件和写方式打开文件，然后从前者读出字符数据，字符为大写则改变为小写，再将其写入文件。

（3）问题的实现代码如下：

```c
#include<stdio.h>
#include<windows.h>
void main()
{
    char ch,fname[30];
    FILE *fpr,*fpw;
    printf("输入文件名:");
    scanf("%s",fname);
    if((fpr=fopen(fname,"rb"))==NULL)
    {
        printf("\nCan't open this file!\n");
        exit(0);
    }
    if((fpw=fopen(fname,"rb+"))==NULL)
    {
        printf("\nCan't open this file!\n");
        exit(0);
    }
    while((ch=fgetc(fpr))!=EOF)
    {
        if(ch>='A' && ch<='Z')
            ch=ch-'A'+'a';
        fputc(ch,fpw);
    }
```

```
    fclose(fpr);
    fclose(fpw);
}
```

3. 实验内容

编写程序，将联系人的姓名和电话号码保存到一个电话号码簿文件中，输入联系人姓名可以查到其电话号码。提示：通过主函数选择输入联系人信息功能和查询功能，完成相应的信息处理。以上功能由编写的功能函数具体完成。

2.2 实验问题求解

2.2.1 实验 1 C 语言程序设计基础

参考答案：

```c
#include<stdio.h>
void main()
{
    //定义变量和初始化，各元件的可靠性
    float r1,r2,r3,r4,r5,R;
    printf("输入5个元件的可靠性(0<Ri<1):");
    scanf("%f%f%f%f%f",&r1,&r2,&r3,&r4,&r5);
    R=1-(1-r1)*(1-r2)*(1-r3)*(1-r4)*(1-r5);
    printf("该系统的可靠性为: %6.4f\n",R);
}
```

程序的运行结果如图 2.10 所示。

图 2.10

2.2.2 实验 2 选择结构

（1）多分支编程实验。
参考答案：

```c
#include<stdio.h>
void main()
{
    float x,f;
```

```
    printf("输入x:");
    scanf("%f",&x);
    if(x<-2)
        f=4;
    else if(-2<=x&&x<=2)
        f=x*x;
    else if(2<x&&x<=10)
        f=x+2;
    else
        f=12;
    printf("当x=%-6.2f时, f=%-6.2f\n",x,f);
}
```

程序的运行结果如图 2.11 所示。

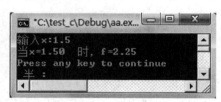

图 2.11

（2）选择结构综合实验。

参考答案：

```
#include<stdio.h>
void main()
{
    float x,s;
    int c,t,n,m;
    printf("输入课程类型（1.公共课；2.专业课；3.实验课）: ");
    scanf("%d",&c);
    printf("输入教师职称（1.教授；2.副教授；3.讲师；4.助教）: ");
    scanf("%d",&t);
    printf("输入学生人数: ");
    scanf("%d",&n);
    if(c>=1&&c<=3&&t>=1&&t<=4&&n>0)
    {
        switch(c)
        {
        case 1:
            switch(t)
            {
            case 1:s=70+(n-80)*0.2;break;
            case 2:s=50+(n-80)*0.2;break;
            case 3:s=35+(n-80)*0.1;break;
```

```
            case 4:s=20+(n-80)*0.1;break;
            }
            break;
        case 2:
            switch(t)
            {
            case 1:s=85+(n-40)*0.3;break;
            case 2:s=70+(n-40)*0.3;break;
            case 3:s=40+(n-40)*0.2;break;
            case 4:s=30+(n-40)*0.1;break;
            }
            break;
        case 3:
            switch(t)
            {
            case 1:s=60+(n-40)*0.4;break;
            case 2:s=40+(n-40)*0.4;break;
            case 3:s=30+(n-40)*0.3;break;
            case 4:s=25+(n-40)*0.2;break;
            }
        }
        printf("输入课时数：");
        scanf("%d",&m);
        printf("课酬为：%6.2f\n",s*m);
    }
    else
        printf("数据非法\n");
}
```

程序的运行结果如图 2.12 所示。

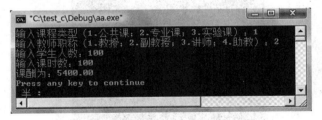

图 2.12

（3）数字转换为星期。
参考答案：

```
#include<stdio.h>
void main()
{
    int wd;
```

```
char weekday[7][10]={"Monday","Tuesday","Wednesday","Thursday",
                "Friday","Saturday","Sunday"};
do
{
    printf("输入周一到周日对应的数字：");
    scanf("%d",&wd);
    switch(wd)
    {
    case 1:
    case 2:
    case 3:
    case 4:
    case 5:
    case 6:
    case 7:
        printf("%d:%s\n",wd,weekday[wd-1]);
        break;
    case 8:
        printf("程序结束\n");
        break;
    default:
        printf("输入数据非法，要退出？退出，请输入8\n");
    }
}while(wd!=8);
}
```

程序的运行结果如图 2.13 所示。

图 2.13

（4）分数段统计。

参考答案：

```c
#include<stdio.h>
void main()
{
    int i=0,score,a[5]={0,0,0,0,0};    //学生成绩和各分数段
    printf("输入学生成绩\n");
    do
    {
        scanf("%d",&score);
        if(score<0||score>100)
            printf("数据非法\n");
        else
        {
            if(score<60)
                a[0]++;
            else if(score<100)
                a[score/10-5]++;
            else
                a[4]++;
            i++;
        }
    }while(i<10);
    printf("各分数段有：\n");
    for(i=0;i<5;i++)
        printf("%d ",a[i]);
    printf("\n");
}
```

程序的运行结果如图 2.14 所示。

图 2.14

实验指导

2.2.3 实验 3 循环结构

（1）参考答案：

```c
#include "stdio.h"
void main()
{
    int i;
    for(i=200;i<500;i++)
        if(i%7==0&&i%9==0)
            printf("%d\n",i);
}
```

程序的运行结果如图 2.15 所示。

图 2.15

（2）参考答案：

```c
#include "stdio.h"
void main()
{
    int i,sum1=0,sum2=0;
    for(i=1;i<=10;i++)
    {
        sum1+=i;
        sum2+=sum1;
    }
    printf("%d\n",sum2);
}
```

程序的运行结果如图 2.16 所示。

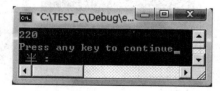

图 2.16

（3）参考答案：

```c
#include "stdio.h"
void main()
{
    int a=1,b=2698,min=a+b,ta,tb;
    do
    {
        if(2698%a==0)
        {
            b=2698/a;
            if(a+b<min)
            {
                min=a+b;
                tb=b;
                ta=a;
            }
        }
        a++;
    }while(a<b);
    printf("a=%d,b=%d\n",ta,tb);
}
```

程序的运行结果如图 2.17 所示。

图 2.17

2.2.4　实验 4　数组

（1）简单学生成绩管理程序。
参考答案：

```c
#include<stdio.h>
void main()
{
    int score[5][3];        //5个学生的3门课成绩
    char course[3][10]={"数学","物理","英语"};
    int sID,func;
    do
    {
```

```
        printf("\t学生成绩管理\n");
        printf("1.输入学生成绩\n");
        printf("2.查询学生成绩\n");
        printf("3.退出\n");
        scanf("%d",&func);
        switch(func)
        {
        case 1:
            printf("输入学号:");
            scanf("%d",&sID);
            if(sID>=0&&sID<=4)
            {
                printf("输入%s,%s,%s的成绩: ", course[0], course[1], course[2]);
                scanf("%d%d%d",&score[sID][0],&score[sID][1],&score[sID][2]);
            }
            else
                printf("学号非法\n");
            break;
        case 2:
            printf("输入学号:");
            scanf("%d",&sID);
            if(sID>=0&&sID<=4)
                printf("%s %d,%s %d,%s %d\n",course[0],score[sID][0],course[1],
                    score[sID][1],course[2],score[sID][2]);
            else
                printf("学号非法\n");
            break;
        case 3:break;
        default:
            printf("要退出？退出,请输入3");
        }
    }while(func!=3);
}
```

程序的运行结果如图 2.18 所示。

（2）找二维数组的"鞍点"。

鞍点是该位置上的元素在该行上最大，在该列上最小，鞍点也可能不存在。用以下二维数组测试程序。

$$\begin{pmatrix} 9 & 80 & 205 & 40 \\ 90 & -60 & 96 & 1 \\ 210 & -3 & 101 & 89 \end{pmatrix} \quad \begin{pmatrix} 9 & 80 & 205 & 40 \\ 90 & -60 & 196 & 1 \\ 210 & -3 & 101 & 89 \\ 45 & 54 & 156 & 7 \end{pmatrix}$$

图 2.18

参考答案：

```c
#include<stdio.h>
void main()
{
    int a[3][4]={{9,80,205,40},{90,-60,96,1},{210,-3,101,89}},mi,mj,i,j,k,flag;
    for(i=0;i<3;i++)
    {
        mj=0;                                    //找i行的最大值
        for(j=0;j<4;j++)
        {
            if(a[i][j]>a[i][mj])
                mj=j;
        }
        mi=i;                                    //验证(mi,mj)为鞍点吗
        flag=0;
        for(k=0;k<3;k++)
        {
            if(a[k][mj]<a[mi][mj])
            {
                flag=1;
                break;
            }
        }
        if(!flag)
            printf("(%d,%d)=%d\n",mi,mj,a[mi][mj]);    //输出鞍点
    }
}
```

实验指导

运行程序找到一个鞍点，结果如图 2.19 所示。

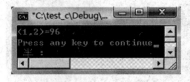

图 2.19

```c
#include<stdio.h>
void main()
{
    int a[4][4]={{9,80,205,40},{90,-60,196,1},{210,-3,101,89},{45,54,156,7}},
    mi,mj,i,j,k,flag;
    for(i=0;i<4;i++)
    {
        mj=0;        //找i行的最大值
        for(j=0;j<4;j++)
        {
            if(a[i][j]>a[i][mj])
                mj=j;
        }
        mi=i;        //验证(mi,mj)是否为鞍点
        flag=0;
        for(k=0;k<4;k++)
        {
            if(a[k][mj]<a[mi][mj])
            {
                flag=1;
                break;
            }
        }
        if(!flag)
            printf("(%d,%d)=%d\n",mi,mj,a[mi][mj]);    //输出鞍点
    }
}
```

运行程序未找到鞍点。

2.2.5 实验 5 函数

（1）参考答案：

```c
#include "stdio.h"
float average(int a[],int n)
{
    int i,sum=0,flag=0;
```

```
        if(n>=0)
        {
            for(i=0;i<n;i++)
            {
                if(a[i]>=0 && a[i]<=100)
                    sum+=a[i];
                else
                {
                    flag=1;
                    break;
                }
            }
        }
        if(flag)
            return -1;
        else
            return(float)sum/n;
}
float rate(int a[],int n)
{
    int i,n60=0,n80=0,flag=0;
    if(n>=0)
    {
        for(i=0;i<n;i++)
        {
            if(a[i]>=0 && a[i]<=100)
            {
                if(a[i]>=60)
                    n60++;
                if(a[i]>=80)
                    n80++;
            }
            else
            {
                flag=1;
                break;
            }
        }
    }
    if(flag)
        return -1;
    else
        return(float)n80/n60;
}
void main()
```

```
{
    int x[10]={30,55,78,89,45,95,85,68,73,83},m=10;
    float r,avg;
    if((avg=average(x,m))!=-1)
        printf("班级平均分：%4.1f\n",avg);
    else
        printf("数据非法\n");
    if((r=rate(x,m))!=-1)
        printf("80分以上的人数占考试及格人数的百分比：%4.1f\n",r*100);
    else
        printf("数据非法\n");
}
```

程序的运行结果如图 2.20 所示。

图 2.20

（2）参考答案：

```
#include "stdio.h"
/* 假设集合A最多要能容纳下两个集合的所有元素；
集合A、B为非重复集；
    函数的返回值为并集中元素个数；
*/
int AandB(int a[],int b[],int n,int m)
{
    int i,j,k=n,flag;
    for(j=0;j<m;j++)
    {
        flag=0;
        for(i=0;i<n;i++)
        {
            if(a[i]==b[j])
            {
                flag=1;
                break;
            }
        }
        if(!flag)
            a[k++]=b[j];
    }
    return k;
```

```
}
void main()
{
    int A[9]={5,2,4,3,1},B[4]={6,4,7,2},n=5,m=4,r,i;
    //n为A的元素个数，m为 B的元素个数
    r=AandB(A,B,n,m);
    for(i=0;i<r;i++)
        printf("%d ",A[i]);
    printf("\n");
}
```

程序的运行结果如图 2.21 所示。

图 2.21

2.2.6 实验 6 自定义数据类型

参考答案:

```
#include "stdio.h"
#include "string.h"
struct studentID
{
    char year[4];
    int nationilty;
    int school;
    int major;
    char clsID[1];
    char sID[2];
};
void substr(char a[],char b[],int m,int n)          /*取子串的函数*/
{
    int i,j=0,z;
    z=strlen(a);
    if(m+n<=z+1)
    {
        for(i=m-1;i<m-1+n;i++)
        {
            b[j]=a[i];
            j++;
        }
```

```
        }
    }
void main()
{
    struct studentID s;
    char ss[13],str;
    int i;
    scanf("%s",ss);
    strcpy(str,mid());
}
```

2.2.7　实验 7　指针

（1）求集合的差。

参考答案：

```
#include "stdio.h"
int AsubB(int *pa,int *pb,int n,int m)
{
    int *p1,*p2=pb;
    while(p2<pb+m)
    {
        p1=pa;
        while(p1<pa+n)
        {
            if(*p1==*p2)
            {
                while(p1<pa+n)
                {
                    *p1=*(p1+1);
                    p1++;
                }
                n--;
                break;
            }
            p1++;
        }
        p2++;
    }
    return n;
}
void main()
{
    int A[5]={5,2,4,3,1},B[3]={2,4,1},n=5,m=3,r,i;
    r=AsubB(A,B,n,m);
```

```
        for(i=0;i<r;i++)
            printf("%d ",A[i]);
        printf("\n");
    }
```

程序的运行结果如图 2.22 所示。

图 2.22

（2）求字符串长度。

参考答案：

```
#include "stdio.h"
int mstrlen(char *p)
{
    int l=0;
    while(*p++!='\0')
        l++;
    return l;
}
void main()
{
    char s[100];
    printf("输入字符串\n");
    gets(s);
    printf("字符串长度: %d\n",mstrlen(s));
}
```

程序的运行结果如图 2.23 所示。

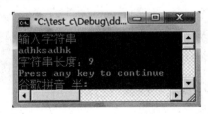

图 2.23

2.2.8 实验 8 文件

参考答案：

```
#include<stdio.h>
#include<string.h>
#include<windows.h>
struct phonebook
{
    char name[20];          //姓名
    char telephone[15];     //电话
} pbook[100];               //号码簿
int lenght;                 //联系人数量
int n;                      //当前位置
void writepb()
{
    int i;
    FILE *fp;
    if((fp=fopen("phonebook.dat","w+"))==NULL)
    {
        printf("\nCan't open this file!\n");
        exit(0);
    }
    if(lenght>0)
    {
        fwrite(&lenght,sizeof(int),1,fp);
        for(i=0;i<lenght;i++)
        {
            fwrite(&pbook[i],sizeof(struct phonebook),1,fp);
        }
    }
    else
        fwrite(&lenght,sizeof(int),1,fp);
    fclose(fp);
}
void readpb()
{
    int n,i;
    FILE *fp;
    if((fp=fopen("phonebook.dat","r+"))==NULL)
    {
        printf("\nCan't open this file!\n");
        exit(0);
    }
    lenght=0;
    fread(&n,sizeof(int),1,fp);
    if(n>0)
    {
        for(i=0;i<n;i++)
```

```
        {
            fread(&pbook[i],sizeof(struct phonebook),1,fp);
        }
        lenght=n;
    }
    fclose(fp);
}
void writeClient()
{
    printf("输入联系人姓名\n");
    scanf("%s",pbook[lenght].name);
    printf("输入联系人电话\n");
    scanf("%s",pbook[lenght].telphone);
    lenght++;
}
void listClient()
{
    int i;
    for(i=0;i<lenght;i++)
    {
        printf("姓名:%s,电话%s\n",pbook[i].name,pbook[i].telphone);
    }
}
void seekClient()
{
    int i;
    char s[20];
    printf("输入联系人姓名:");
    scanf("%s",s);
    for(i=0;i<lenght;i++)
    {
        if(strcmp(pbook[i].name,s)==0)
        {
            printf("姓名:%s,电话%s\n",pbook[i].name,pbook[i].telphone);
            break;
        }
    }
    if(i>=lenght)
        printf("未找到\n");
}
void main()
{
    int sel;
    readpb();
    do
```

```
        {
            printf("\t电话号码簿\n");
            printf("1.新建联系人信息\n");
            printf("2.查询联系人电话\n");
            printf("3.浏览联系人信息\n");
            printf("4.清除联系人\n");
            printf("5.退出程序\n");
            printf("请选择以下功能:");
            scanf("%d",&sel);
            switch(sel)
            {
            case 1:
                writeClient();
                break;
            case 2:
                seekClient();
                break;
            case 3:
                listClient();
                break;
            case 4:
                lenght=0;
                break;
            }
        }while(sel!=5);
        writepb();
}
```

程序的运行结果如图 2.24 所示。

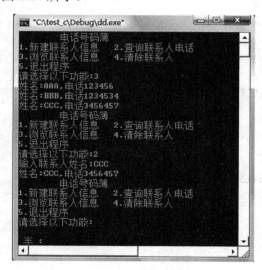

图 2.24

第3章 基础编程问题及解析

3.1 C 语言概述

1. 选择题

（1）一个 C 程序的执行是从（　　　）。

    A．本程序的 main 函数开始，到 main 函数结束

    B．本程序文件的第一个函数开始，到本程序文件的最后一个函数结束

    C．本程序文件的第一个函数开始，到本程序的 main 函数结束

    D．本程序的 main 函数开始，到本程序文件的最后一个函数结束

【答案】A。

【解释】C 语言程序有一个，且只能有一个 main 函数，程序执行时就是从 main 函数头开始的，即一个 C 语言程序从 main 函数的"{"开始，一般情况下到"}"结束。所以选择 A。

（2）以下叙述不正确的是（　　　）。

    A．一个 C 源程序必须包含一个 main 函数

    B．一个 C 源程序可由一个或多个函数组成

    C．C 程序的基本组成单位是函数

    D．在 C 程序中，注释说明只能位于一条语句的后面

【答案】D。

【解释】C 语言的注释符有两种：一是段落注释符，从"/*"开始，到"*/"结束，在"/*"和"*/"之间的内容即为注释；二是单行注释符，以"//"开头，后面加注释内容。程序编译时，不对注释内容做任何处理。注释一般可出现在程序的任何位置。注释的作用是向用户和程序员提示或解释程序。所以选择 D。

（3）以下叙述正确的是（　　　）。

    A．在对一个 C 程序进行编译的过程中，可发现注释中的拼写错误

    B．在 C 程序中，main 函数必须位于程序的最前面

    C．C 语言本身没有输入输出语句

    D．C 程序的每行中只能写一条语句

【答案】C。

【解释】C 语言不提供输入输出语句，输入和输出操作由函数实现。C 语言的标准函数库中提供了一些输入输出函数，如 printf 和 scanf 函数。所以选择 C。

（4）一个 C 语言程序是由（　　　）。

    A．一个主程序和若干个子程序组成

    B．函数组成

    C．若干过程组成

    D．若干子程序组成

【答案】B。

【解释】C 语言程序的基本单位是函数，一个 C 语言程序是由一个或多个函数组成，且必须并只能包含一个 main 函数。所以选择 B。

（5）下列叙述中正确的是（　　　）。

    A．C 语言编译时不检查语法

    B．C 语言的子程序有过程和函数两种

    C．C 语言的函数可以嵌套定义

    D．C 语言有内部函数和外部函数

【答案】D。

【解释】C 语言的函数分内部函数和外部函数，内部函数的作用域只局限于本文件，即它只能被本文件中的函数调用，而外部函数的作用域在整个源程序中。所以选择 D。

（6）C 语言源程序文件经过 C 编译程序编译、连接之后生成一个后缀为（　　　）的文件。

    A．.c   B．.obj   C．.exe   D．.bas

【答案】C。

【解释】C 源程序经过编译后生成目标文件，其文件名后缀为.obj。再经过连接之后生成可执行文件，其文件名后缀为.exe。所以选择 C。

（7）下面不合法的变量名是（　　　）。

    A．Lad   B．n_10   C．_567   D．g#k

【答案】D。

【解释】根据 C 语言中对标识符的规定：D 的 g#k 是非法的标识符，因为标识符中只能包含字母、数字和下画线。所以选择 D。

（8）下面合法的变量名是（　　　）。

    A．May   B．7bn   C．long   D．short

【答案】A。

【解释】根据 C 语言中对标识符的规定：A 的 May 是合法的标识符，B 的 7bn 以数字开头了，所以非法，C 的 long 和 D 的 short 是关键字，非法。所以选择 A。

（9）下面合法的关键字是（　　　）。

    A．Float   B．unsigned   C．integer   D．Char

【答案】B。

【解释】C 语言的关键字的首字母均为小写，所以 A 和 D 不对，而整型数的类型符是 int，C 错。所以选择 B。

（10）下面非法的字符常量是（　　　）。

    A．'h'   B．'\x7'   C．' '   D．'\483'

【答案】D。

【解释】以\开头的是转义字符，它可以跟一个1～3位八进制数，但D中后面的3个数中的8不能作为八进制的数符。所以选D。

（11）下面不正确的字符串常量是（   ）。

  A．'abc'   B．"12'12"   C．"0"   D．""

【答案】A。

【解释】字符常量有两种表示方法，用单引号括起来的一个直接输入的字符或转义字符。所以选择A。

（12）如果int型是16位，unsigned int型的范围是（   ）。

  A．0～255   B．0～65 535

  C．–32 768～32 767   D．–256～255

【答案】B。

【解释】unsigned int型，占用字节数与int类型相同，但它的最高位不是符号位，而是数据位，如果int型是16位（占2个字节），取值范围是0～65 535。所以选择B。

（13）已知i、j、k为int型变量，若从键盘输入：1,2,3<CR>，使i的值为1，j的值为2，k的值为3，以下选项中正确的输入语句是（   ）。

  A．scanf("%2d %2d %2d",&i,&j,&k); B．scanf("%d %d %d",&i,&j,&k);

  C．scanf("%d,%d,%d",&i,&j,&k); D．canf("i=%d,j=%d,k=%d",&i,&j,&k);

【答案】C。

【解释】输入多个数值数据时，若格式控制串中没有非格式字符作输入数据之间的间隔时可用空格、Tab或回车键作间隔。C编译在遇到空格、Tab、回车或非法数据时即认为该数据结束。scanf("%d,%d,%d",&i,&j,&k);中因为3个%d之间有一个逗号"，"，所以在输入时两个整数之间只能用逗号分隔，如果用其他符号分隔就会出错（比如用空格、回车分隔就会出错）。所以选择C。

（14）有以下程序段：

```
char ch;
int k;
ch='a';
k=12;
printf("%c,%d, ",ch,ch,k);
printf("k=%d\n",k);
```

则执行上述程序段后输出结果是（   ）。

  A．因变量类型与格式描述符的类型不匹配，输出无定值

  B．输出项与格式描述符个数不符，输出为零值或不定值

  C．a,97,12k=12

  D．a,97,k=12

【答案】D。

【解释】按照规定，C语言的printf函数的格式控制串中格式控制符数量少于要输出的

表达式数量时不影响输出，但输出表达式的值时，有几个格式控制符就输出几个表达式的值且对应次序从左到右。所以选择 D。

（15）函数 putchar()可以向终端输出一个（　　　）。

    A．实型变量表达式值　　　　　　　B．实型变量值

    C．字符串　　　　　　　　　　　　D．字符或字符型变量值

【答案】D。

【解释】putchar 函数的作用是向终端输出一个字符。它只能用于单个字符的输出，一次只能输出一个字符。另外，使用 putchar 函数时，要在程序（或文件）的开头加上预处理命令#include "stdio.h"。所以选择 D。

（16）设有以下定义：

```
#define d 2
int a=0;
double b=1.25;
char c='A';
```

则下面语句中错误的是（　　　）。

    A．a=a+1;　　　B．b=b+1;　　　C．c=c+1;　　　D．d=d+1;

【答案】D。

【解释】程序段中 d 已经被定义为符号常量，而符号常量是不能作为赋值运算的左件的。所以选择 D。

（17）设有说明语句"chara=72;"，则变量 a 是（　　　）。

    A．包含 1 个字符　　　　　　　　B．包含 2 个字符

    C．包含 3 个字符　　　　　　　　D．说明不合法

【答案】A。

【解释】变量定义语句"chara=72;"中变量 a 被定义为字符类型，字符类型数据实际上就是整型数据，但只占用 1 个字节的内存空间，用于存放该字符的 ASCII 码，72 是'H'的 ASCII 码，是一个字符。所以选择 A。

（18）C 语言中的标识符只能由字母、数字、下画线 3 种字符组成，且第一个字符（　　　）。

    A．必须为字母　　　　　　　　　B．必须为下画线

    C．必须为字母或下画线　　　　　D．可以是字母、数字或下画线

【答案】C。

【解释】C 语言的语法规定，标识符只能由字母、数字和下画线组成，而且首字符必须为字母或下画线。所以选择 C。

2．读程序写结果题

（1）
```
#include<stdio.h>
main()
{
    printf("*%f,%4.3f*\n",3.14,3.1415);
}
```

【答案】*3.140000,3.142。

【解释】printf 函数可以用来输出表达式的值，包括实型常量。

（2）
```c
#include<stdio.h>
main()
{
    char c='b';
    printf("c:dec=%d,oct=%o,hex=%x,letter=%c\n",c,c,c,c);
}
```

【答案】c:dec=98,oct=142,hex=62,letter=b。

【解释】printf 函数用来输出不同数制的同一个数的数值，而格式控制串中的非格式控制符则被原样输出。

（3）
```c
#include "stdio.h"
main()
{
    char c1,c2;
    c1='a';
    c2='b';
    c1=c1-32;
    c2=c2-32;
    printf("%c %c",c1,c2);
    printf("%d %d\n",c1,c2);
}
```

【答案】A B 65 66。

【解释】程序实现的功能是将小写字母'a'、'b'转换成大写字母'A'、'B'并输出的功能。减 32 是因为在 ASCII 码表中大、小写字母相差 32。

（4）
```c
#include "stdio.h"
main()
{
    int a,b,c,d;
    unsignedu;
    a=12;
    b=-24;
    u=10;
    c=a+u;
    d=b+u;
    printf("a+u =%d, b+u=%d\n",c,d);
}
```

【答案】a+u =22, b+u=-14。

【解释】printf 函数的格式控制串中的非格式控制符被原样输出。

基础编程问题及解析

（5）
```
#include<stdio.h>
main()
{
    int x=12;
    double y=3.141593;
    printf("%d%8.6f",x,y);
}
```

【答案】123.141593。

【解释】printf 函数用于输出不同类型的变量的数值，在格式控制串中控制整型变量和单精度浮点型变量的输出。

（6）
```
#include "stdio.h"
main()
{
    int x='f';
    printf("%c \n",'A'+(x-'a'+1));
}
```

【答案】G。

【解释】printf 函数计算并输出表达式的值。

3. 填空题

（1）C 语言的基本数据类型是（　　　　）。

（2）已定义 "charc='\010';"，则 c 变量的字节是（　　　　）。

（3）标识符是由字母和（　　　　）组成的。

（4）一条 C 语言的语句至少应包含一个（　　　　）。

（5）要定义双精度实型变量 a、b 并使它们的初值为 7，其定义语句为（　　　　）。

4. 编程题

（1）从键盘输入某同学的 3 科成绩，输出这 3 科成绩的平均分。

【设计思想】

为了使程序可以计算任意 3 个分数的平均，通过使用 scanf 函数输入 3 个分数，要将它们说明为变量，再用 printf 函数计算平均值。

【参考答案】

```
#include "stdio.h"
void main()
{
    //定义3门课程分数变量，假设学校规定考试成绩只能打整数分
    int score_1,score_2,score_3;
    printf("请输入第一科的考试成绩：");
    scanf("%d",&score_1);
    printf("请输入第二科的考试成绩：");
```

```
    scanf("%d",&score_2);
    printf("请输入第三科的考试成绩: ");
    scanf("%d",&score_3);
    printf("三科平均分: %d\n",(score_1+score_2+score_3)/3);
}
```

程序的运行结果如图 3.1 所示。

图 3.1

（2）从键盘输入一个大写字母，输出对应的小写字母。

提示：大写字母 A～Z 的 ASCII 码值为 65～90，小写字母 a～z 的 ASCII 码值为 97～122。可见，对应的大小写字母的 ASCII 码值相差 32，所以大写字母转换成小写字母就是将其 ASCII 值加上 32，小写字母转换成大写字母就是将其 ASCII 值减去 32。

【设计思想】

程序要求实现输入大写字母，转换成小写字母再输出。在 ASCII 码表中大、小写字母的 ASCII 码间相差 32，只要将大写字母加 32 就是其对应的小写字母。

【参考答案】

```
#include "stdio.h"
void main()
{
    char character;
    printf("请输入一个大写字母: ");
    scanf("%c",&character);
    printf("%c的小写字母是: %c\n",character,character+32);
}
```

程序的运行结果如图 3.2 所示。

图 3.2

基础编程问题及解析

3.2　C 程序的运算符和表达式

1. 选择题

（1）已定义 "int k,a,b;unsigned long w=5;double x=1.42;"，不正确的表达式是（　　　）。

　　　A．x%(-3)　　　　　　　　　　　B．w+= -2

　　　C．k=(a=2,b=3,a+b)　　　　　　D．a+=a-=(b=4)*(a=3)

【答案】A。

【解释】C 语言规定%不能用于浮点型数据，因此 A 的 x%(-3)是非法表达式。所以选择 A。

（2）若变量已正确定义并赋值，以下符合 C 语言语法的表达式是（　　　）。

　　　A．a:=b+1　　　B．a=b=c+2　　　C．int 18.5%3　　　　D．a=a+7=c+b

【答案】B。

【解释】赋值运算的左件必须是变量，不能是表达式，所以 D 非法；C 的强制类型转换少了括号，应该是（int）18.5%3，所以 C 非法；A 的:=是非法运算符；由于多个赋值运算在一起时赋值运算采用左结合，所以 B 是将表达式 c+2 的值先赋值给 b，b 的值再赋值给 a，表达式是正确的。所以选择 B。

（3）下列可用于 C 语言用户标识符的一组是（　　　）。

　　　A．void, define, WORD　　　　　B．a3_b3, _123,Car

　　　C．For, -abc, IF Case　　　　　D．2a, DO, sizeof

【答案】B。

【解释】A 的 void 是关键字，非法；C 的-abc 的首字 "-" 不是标识符规定的有效字符，D 的 2a 首字符不能是数字，sizeof 是关键字，非法；只有 B 全对，所以选择 B。

（4）C 语言中运算对象必须是整型的运算符是（　　　）。

　　　A．%　　　　　B．/　　　　　　C．=　　　　　　　　D．<=

【答案】A。

【解释】C 语言规定算术运算符%不能用于浮点型数据，只能进行整数运算。所以选择 A。

（5）有以下程序：

```
#include "stdio.h"
main()
{
    int i=1,j=1,k=2;
    if((j++||k++)&&i++)
        printf("%d,%d,%d\n",i,j,k);
}
```

执行后输出结果是（　　　）。

　　　A．1,1,2　　　　B．2,2,1　　　　C．2,2,2　　　　　D．2,2,3

【答案】C。

【解释】程序中的条件表达式(j++||k++)&&i++的值是真，其运算过程是：先算(j++||k++)，因为j=1，对(j++||k++)的计算产生"短路"（即不用计算k++的值了，所以k保持值为2），其值为真，再完成j的后加运算其值为2；接着完成&&运算，由于其前件为真，所以要继续判断后件的真假，i的值为1（真），所以(j++||k++)&&i++的值为真，再完成i的后加运算其值为2，所以最终i,j,k的值为2,2,2。所以选择C。

（6）设有"int x=1,y=1;"，表达式(!x||y--)的值是（　　　）。

    A．0　　　　　　　B．1　　　　　　　C．2　　　　　　　D．-1

【答案】B。

【解释】表达式(!x||y--)中"!"优先级高，先算!x得0，由于y=1所以做||运算，(!x||y--)的值为1，最后再对y做后加，y的值为2。所以选择B。

（7）在以下一组运算符中，优先级最高的运算符是（　　　）。

    A．<=　　　　　　B．=　　　　　　　C．%　　　　　　　D．&&

【答案】C。

【解释】C语言的运算符优先级：<=为6级、=为14级、%为3级、&&为11级；所以选择C。

（8）已定义"int a,b;double x=1.42,y=5.2;"，正确的表达式是（　　　）。

    A．a+=a=(b=4)*(a=3)　　　　　　　　B．a=a*3=2

    C．d=9+e,f=d+9　　　　　　　　　　D．a+b=x+y

【答案】A。

【解释】D、B的=运算左件是表达式，非法；C中d、e、f没有定义，无法判断是否能够赋值，非法；所以选择A。

（9）已定义"int num=7,sum=7;(sum=num++,sum++,++num);"，表达式的结果是（　　　）。

    A．7　　　　　　　B．8　　　　　　　C．9　　　　　　　D．10

【答案】C。

【解释】(sum=num++,sum++,++num)表达式中两个"，"运算，按右结合计算，先算sum=num++，sum的值为7，num的值为8；再算sum++，sum的值为8；最后算++num，num的值为9，该值也是整个表达式的值。所以选择C。

（10）若有定义"int a=7; float x=2.5,y=4.7;"，则表达式 x+a%3*(int)(x+y)%2/4 的值是（　　　）。

    A．2.500000　　B．4.50000　　C．3.500000　　D．0.00000

【答案】C。

【解释】在对表达式 x+a%3*(int)(x+y)%2/4 的计算中，按照运算优先级的规定，先算(x+y)，值为7.2，然后对其强制类型转换(int)值为7，*、/、%是同级运算符，按左结合，所以接着计算a%3值为1，再计算a%3*(int)(x+y)的"*"，值为7，再计算后一个"%"，值为1，再计算"/"，值为0，最后与x进行"+"，值为2.500000。所以选择A。

（11）已知字母A的ASCII码为十进制数65，且c2为字符型，则执行语句c2='A'+'6'-'3';后，c2中的值为（　　　）。

    A．D　　　　　　B．68　　　　　　　C．C　　　　　　　D．不确定的值

【答案】A。

【解释】字符类型数据'A'、'6'、'3'是用其 ASCII 码处理，事实上就是按整数类型处理的，所以'A'+'6'-'3'的计算就是计算 65+54-51，值为 68，对应字符'D'。所以选择 A。

（12）若 x、i、j 和 k 都是 int 型变量，则执行表达式 x=(i=4, j=16, k=32)后 x 的值为（　　）。

    A. 4　　　　　　B. 16　　　　　　C. 32　　　　　　D. 52

【答案】C。

【解释】表达式 x=(i=4, j=16, k=32)的计算按照运算优先级，先算括号内（i=4, j=16, k=32），即 i 的值为 4，j 的值为 16，k 的值为 32，按"，"运算的规定，最后一个表达式的值 32 作为整个逗号运算的值，最后在将该值赋值给 x。所以选择 C。

（13）以下不能将变量 c 中的大写字母转换为对应小写字母的语句是（　　）。

    A. c=(c-'A')%26+'a'　　　　　　　　B. c=c+32
    C. c=c-'A'+'a'　　　　　　　　　　D. c=('A'+c)%26-'a'

【答案】C。

【解释】可以用代入法做此题。假设 c 是字符型变量，值为大写字母'B'。A 中先算(c-'A')，值为 1，再算"%"，值为 1，再算"+"，值为'b'；B 将'B'的 ASCII 码加 32，值为 98，对应字符'b'；C 先计算"-"，值为 1，再算"+"，值为'b'；D 中先('A'+c)值为 131，再算"%"，值为 1，再算"-"，值为 64，对应 ASCII 字符'@'。所以选择 D。

（14）下面程序段的输出结果是（　　）。

```
int x=023,y=5,z=2+(y+=y++,x+8,++x); printf("%d,%d\n",x,z);
```

    A. 18,13　　　　B. 19,14　　　　C. 22,21　　　　D. 20,22

【答案】D。

【解释】程序段中 023 是八进制数，转换成十进制数为 19。计算表达式 2+(y+=y++, x+8, ++x)的值的过程是，先算括号中的 y+=y++，在算"+="后 y 为 10，后加"++"，y 的值变 11；然后算 x+8，x 的值没变；最后算++x，x 的值为 20，此值且为逗号表达式的值，再与 2 相加并赋值给 z，z 值为 22。所以选择 D。

（15）设有定义"int x=2;"，以下表达式中，值不为 6 的是（　　）。

    A. x*=x+1　　　B. x++,2*x　　　C. x*=(1+x)　　　D. 2*x,x+=2

【答案】D。

【解释】A 中因为运算优先级的关系，先算"+"值为 3，再算"*="，x 的值为 6；B 中先算 x++，x 的值为 3，再算"*"，2*x 值为 6，所以逗号表达式的值为 6；C 中先算(1+x)值为 3，再算"*="值为 6；D 中先算 2*x 值为 4，x 的值没变还是 2，再算 x+=2 值为 4，x 的值为 4。所以选择 D。

（16）下面程序段的输出结果为（　　）。

```
int x=13,y=5; printf("%d",x%=(y/=2));
```

    A. 3　　　　　　B. 2　　　　　　C. 1　　　　　　D. 0

【答案】C。

【解释】计算 printf 的表达式 x%=(y/=2)的值，先算"/="，y 的值为 2，再算"%="，x 的值为 1，输出 1。所以选择 C。

（17）若变量 a、i 已正确定义，且 i 已正确赋值，下面合法的语句是（　　　）。

    A. a= =1   B. ++i;   C. a=a++=5;   D. a=int(i);

【答案】B。

【解释】A 不是语句；C 的左件是表达式，非法；D 的强制类型转换语法错。所以选择 B。

（18）单精度变量 x=3.0,y=4.0，下列表达式中的 y 的值为 9.0 的是（　　　）。

    A. y/=x*27/4   B. y+=x+2.0   C. y-=x+8.0   D. y*=x-3.0

【答案】B。

【解释】A 先算"*"值为 81.0，再算"/"值为 20.25，再算"/="，y 的值为 0.197531；B 先算"+"值为 5.0，再算"+="，y 值为 9.0；C 先算"+"值为 11.0，再算"-="，y 的值为 7.0；D 先算"-"值为 0，再算"*="，y 值为 0。所以选择 B。

（19）执行下面程序中的输出语句后，a 的值是（　　　）。

```
#include<stdio.h>
void main()
{
    int a=5;
    printf("%d\n",(a=3*5,a*4,a+5));
}
```

    A. 45   B. 20   C. 15   D. 10

【答案】C。

【解释】计算 printf 函数中表达式 (a=3*5,a*4,a+5)的值，先算 a=3*5，a 的值为 15，再算 a*4，a 的值没变还是 15，最后算 a+5 值为 20，a 的值没变 15。所以选择 C。

（20）若有程序段"intc1=1,c2=2,c3;c3=1.0/c2*c1;"，则执行程序后，c3 的值是（　　　）。

    A. 0   B. 0.5   C. 1   D. 2

【答案】A。

【解释】c3=1.0/c2*c1 表达式中，先算"/"值为 0.5，再算"*"值为 0.5，最后赋值给 c3 将进行自动类型转换为整型数，c3 的值为 0。所以选择 A。

2. 读程序写结果题

（1）
```
#include<stdio.h>
#include "math.h"
main()
{
    int a=1,b=4,c=2;
    float x=5.5,y=9.0,z;
    z=(a+b)/c+sqrt((double)y)*1.2/c+x;
    printf("%f\n",z);
}
```

【答案】9.300000。

【解释】对于语句"z=(a+b)/c+sqrt((double)y)*1.2/c+x;"，先算=右件表达式的值，再赋

值给 z。其中 y 的值被强制转换为双精度浮点数，调用 sqrt 函数对 y 开平方根得 3.0，sqrt 函数是 C 的标准库函数，所以要用语句#include "math.h"。

（2）
```
#include "stdio.h"
main()
{
    int i,j,m,n;
    i=8;
    j=10;
    m=++i;
    n=j++;
    printf(" %d,%d,%d,%d",i,j,m,n);
}
```

【答案】9,11,9,10。

【解释】执行语句"m=++i;"，变量 i 先自增再赋值给 m；而执行语句"n=j++;"，变量 j 是先赋值给 n 再自增。

（3）
```
#include "stdio.h"
main()
{
    int a=10;
    a=(3*5,a+4);
    printf("a=%d\n",a);
}
```

【答案】a=14。

【解释】执行语句"a=(3*5,a+4);"，先算括号中逗号表达式的值，值为 14，再将值 14 赋值给 a。

（4）
```
#include "stdio.h"
main()
{
    int x,y,z;
    x=y=1;
    z=x++,y++,++y;
    printf("%d,%d,%d\n",x,y,z);
}
```

【答案】2，3，1。

【解释】程序中语句"z=x++,y++,++y;"为逗号表达式语句，先算 z=x++，x 赋值给 z，z 值为 1，x 再自增值变为 2，接着算 y++，y 值变为 2，最后算++y，y 值变为 3。

（5）
```
#include "stdio.h"
main()
{
```

```
        char c;
        int n=100;
        float f=10;
        double x;
        n/=(c=50);
        x=(int)f%n;
        printf("%d %f\n",n,x);
    }
```

【答案】2 0.000000。

【解释】对于语句"n/=(c=50);"，先算括号中的赋值，c 值为 50，再算"/="，n 的值变为 2；对于语句"x=(int)f%n;"，先强制转换 f 的类型为整型再算"%"，x 的值变为 0。

3. 填空题

（1）若有"int a=10; a=(3*5,a+4);"，则 a 的值为（   ）。

【答案】14。

【解释】执行语句"a=(3*5,a+4);"，先算括号中逗号表达式的值为 14，再将值 14 赋值给 a。

（2）设变量 a 和 b 已正确定义并赋初值。请写出与 a-=a+b 等价的赋值表达式（   ）。

【答案】a=a-(a+b)。

【解释】实际上，因为"-="的优先级是 14，"+"的优先级是 4，所以先算"+"，再算"-="。

（3）表达式(int)((double)(5/2)+2.5)的值是（   ）。

【答案】4。

【解释】表达式(int)((double)(5/2)+2.5)先算"/"值为 2，再强制转换为 double，值为 2.0，再算"+"值为 4.5，最后再强制转换为 int，值为 4。

（4）设变量已正确定义为整型，则表达式 n=i=2,++i,i++的值为（   ）。

【答案】3。

【解释】表达式 n=i=2,++i,i++是逗号运算表达式，计算结果 n 的值为 2，i 的值为 4，表达式的值是 3。

（5）若变量 x,y 已定义为 int 类型且 x 的值为 99，y 的值为 9，请将输出语句补充完整，使其输出的计算结果形式为 x/y=11。输出语句：

```
printf( _____ ,x/y);
```

【答案】"x/y=%d\n"。

【解释】printf 函数的格式控制串中的非格式控制符会照原样输出。

（6）若有定义"int a=10,b=9,c=8;"，接着顺序执行下列语句后，变量 b 中的值是（   ）。

```
c=(a-=(b-5));
c=(a%11)+(b=3);
```

【答案】3。

基础编程问题及解析

【解释】执行语句"c=(a-=(b-5));"，先算(b-5)值为 4，再算"-="，a 值为 6，最后 c 值为 6；"c=(a%11)+(b=3);"，先算(a%11)值为 6，再算(b=3)，b 值为 3，接着算"+"值为 9，最后赋值给 c。

4. 编程序题

（1）从键盘输入圆半径 r、圆柱高 h，求圆周长、圆面积、圆柱体积(3.14*r^2*h)，输出计算结果，要求输入输出要有说明，输出取小数点后两位小数。

【设计思想】

程序中涉及的数据：圆半径 r、圆柱高 h、圆周长 l、圆面积 a、圆柱体积 v。数量关系：l=2*r*3.1415，a=3.14*r^2，v=a*h。程序通过 scanf 输入 r、h，再计算 l、a、v。

【参考答案】

```c
#include "stdio.h"
#define PI 3.1415
main()
{
    //定义变量半径r、圆柱高h、周长l、圆面积a、圆柱体积v
    float r,h,l,a,v;
    printf("输入半径和圆柱高：");
    scanf("%f%f",&r,&h);
    l=2*r*PI;           //计算周长
    a=PI*r*r;           //计算圆面积
    v=a*h;              //计算圆柱体积
    printf("周长:%.2f,圆面积:%.2f,圆柱体积:%.2f\n",l,a,v);
}
```

程序的运行结果如图 3.3 所示。

图 3.3

（2）输入一个华氏温度 F,计算输出对应的摄氏温度，公式为：C=5(F-32)/9，要求输入要有提示，输出要有说明，取两位小数。

【设计思想】

程序中涉及的数据：华氏温度 F、摄氏温度 C。程序通过 scanf 输入 F，计算 C，再输出。

【参考答案】

```c
#include "stdio.h"
main()
{
```

```
    float F,C;
    printf("输入华氏温度：");        //定义变量华氏温度和摄氏温度
    scanf("%f",&F);
    C=5*(F-32)/9;
    printf("摄氏温度:%.2f\n",C);
}
```

程序的运行结果如图 3.4 所示。

图 3.4

（3）从键盘输入 a、b 变量的值，计算并输出 a、b 变量的+、−、*、/、%的结果。

【设计思想】

程序中涉及到的数据：变量 a、b 和+、−、*、/的结果。程序通过 scanf 输入 a、b，计算 a 和 b 的运算结果，再输出。

【参考答案】

```
#include "stdio.h"
main()
{
    float a,b;
    printf("输入a和b的值（b的值不要为0）：");
    scanf("%f%f",&a,&b);
    printf("a+b=%.2f,a-b=%.2f,a*b=%.2f,a/b=%.2f\n",a+b,a-b,a*b,a/b);
}
```

程序的运行结果如图 3.5 所示。

图 3.5

3.3 选 择 结 构

1. **选择题**

（1）用逻辑表达式表示"大于 10 而小于 20 的数"，正确的是（   ）。

    A．10<x< 20   B．x> 10 || x< 20

    C．x>10 &x< 20   D．!(x<= 10 || x>= 20)

【答案】D。

【解释】可以采用代入法做题，即设定 x 为一个不符合题目要求的数，把它代入题目的选项中计算表达式的值，如果为 1（真），就可以排除该选项。如设 x=30 代入 A 中，按照结合律规定，先算左边"<"，值为 1，再用该值和 20 算右边"<"，即 1<20，值为 1，因此排除 A；同样设 x=30 代入 B 中，按运算符优先级规定，先算 ">"，值为 1，即 "||" 左件为真，发生"短路"现象，即可以断定表达式的值为 1，排除 B；C 中的"&"是按位与，不是逻辑与，排除 C；所以选择 D。

（2）x=1,y=1,z=1，执行表达式 w=++x||++y&&++z 后，x、y、z 的值分别为 （　　　）。

    A．x=2, y=1, z=1   B．x=2, y=2, z=2

    C．x=1, y=1, z=1   D．x=2, y=2, z=1

【答案】A。

【解释】表达式中有逻辑运算，先看会不会发生"短路"。x=1 代入表达式，先算++x，值为 2，由于是"||"左件，值非 0 为真，发生"短路"现象，可以断定表达式++x||++y&&++z 的值为 1，不会继续计算++y 和++z，所以 y=1，z=1；所以选择 A。

（3）设 inta = 10, b = 11, c = 12；表达式(a + b)<c&&b==c 的值是（　　　）。

    A．2   B．0   C．−2   D．1

【答案】B。

【解释】表达式中有逻辑运算，先看会不会发生"短路"。按优先级先算(a+b)值为 21，再算"<"值为 0，"&&"的左件为假，发生"短路"现象，表达式的值为 0；所以选择 B。

（4）为了避免在嵌套的条件语句 if-else 中产生歧义，C 语言规定的 if-else 语句的匹配原则是（　　　）。

    A．else 子句与所排位置相同的 if 配对

    B．else 子句与其之前最近的尚未配对 if 配对

    C．else 子句与其之后最近的 if 配对

    D．else 子句与同一行上的 if 配对

【答案】B。

【解释】C 语言的语法规定，else 子句与其之前最近的尚未配对 if 配对。所以选择 B。

（5）判断 char 型变量 ch 是否为大写字母的正确表达式是（　　　）。

    A．'A'<=ch<='Z'   B．(ch>='A')&(ch<='Z')

    C．(ch>='A')&&(ch<='Z')   D．('A'<=ch)and('Z'<=ch)

【答案】C。

【解释】字符的大小由它的 ASCII 码值决定，大写字母'A'到'Z'在 ASCII 码表中是从 65～90 这 26 个整型数，要判断 ch 是否为大写字母，就是判断 ch 是否大于或等于'A'同时小于或等于'Z'。选项 B 的&是按位与运算，选项 D 的 and 不是 C 语言的运算符，不选 A 的原因是判断 ch 取值范围的逻辑表达式要分成两个条件再用&&运算将两个条件连起来。所以选择 C。

（6）若要表示关系 x≥y≥z，应使用的 C 语言表达式为（　　　）。

A．(x>=y)&&(y>=z)   B．(x>=y)and (y>=z)
C．x>=y>=z   D．(x>=y)&(y>=z)

【答案】A。

【解释】事实上，表达式 x≥y≥z 从逻辑上讲包含两个条件即 x≥y 和 y≥z，并且 y 只有同时满足这两个条件时表达式才为真。B 中的"and"不是 C 语言的运算符；用代入法可以证明 C 不能正确表达 x≥y≥z；D 中的"&"是按为与，不是逻辑运算；所以选择 A。

（7）设 x、y 和 z 是 int 型变量，且 x=3,y=4,z=5,则下面表达式中值为 0 的是（   ）。
    A．x&&y   B．x<=y   C．x||y+z&&y-z   D．!((x<y)&&!z||1)

【答案】D。

【解释】当 x=3,y=4，x、y 非 0（真），所以 A 的值为 1，x<=y 也为真，所以 B 的值为 1；由于 x=3，即"||"的左件为真，产生"短路"，所以 C 的值为 1；用排除法，D 的值为 0，因为先执行"<"，值为 1（真），再做括号内的"!"，值为 0，再算"&&"值为 0，再算"||"值为 1，最后算括号外的! 值为 0。所以选择 D。

（8）以下运算符中优先级最低的运算符为（   ）。
    A．&&   B．&   C．!=   D．||

【答案】D。

【解释】按照 C 语言运算符优先级规定，"&&"的优先级为 11，"&"的优先级为 8，"! ="的优先级为 7，"||"的优先级为 12，所以选择 D。

（9）执行下列程序段后，x 的值为（   ）。

```
int x,y=5;
x=++y;
if(x==y)
    x*=2;
if(x>y)
    x++;
else
    x=y-1;
```

    A．5   B．10   C．13   D．9

【答案】C。

【解释】程序段中执行"x=++y;"后 x 和 y 的值都为 6，然后计算第一个 if 语句的条件表达式"x==y"（这是一个单分支 if 语句），该条件表达式的值为真，所以选择执行其真分支"x*=2;"，x 变为 12，接着执行后一个 if 语句，这是一个双分支 if 语句，由于 x 为 12，y 为 6，条件表达式 x>y 值为真，所以执行"x++;"，x 变为 13。所以选择 C。

（10）根据下面的程序段，判断 x 的取值在（   ）的范围内时将打印字符串"第二"。

```
if(x>0)
    printf("第一");
elseif(x>-3)
    printf("第二");
else
```

基础编程问题及解析

```
printf("第三");
```

   A. x>0   B. x>-3   C. x<= -3   D. x<= 0 &&x> -3

【答案】D。

【解释】当 x<= 0 且 x>-3 时，多路选择语句的第一个条件 x>0 的值为假，继续计算第二个条件 x>-3，值为真，所以执行 "printf("第二");" 语句，输出 "第二"。所以选择 D。

（11）已知 "int x=10,y=20,z=30;"，以下语句执行后，x,y,z 的值是（   ）。

```
if(x>y)
    z=x;
x=y;
y=z;
printf("%d,%d,%d",x,y,z);
```

   A. 10,20,30   B. 20,30,30   C. 20,30,10   D. 20,30,20

【答案】B。

【解释】当 x=10,y=20 时，if 语句的条件 x>y 值为假，所以接着执行 if 的后续语句 "x=y;"，变量 x 变为 20，再执行 "y=z;"，变量 y 变为 30，最后输出 x、y、z 的值为 20,30,30。所以选择 B。

（12）以下关于逻辑运算符两侧运算对象的叙述中正确的是（   ）

   A. 只能是整数 0 或 1   B. 只能是整数 0 或非 0 整数
   C. 只能是整数 0 或正整数   D. 可以是任意合法的表达式

【答案】D。

【解释】逻辑运算符两侧运算对象可以是任何合法的表达式。两侧运算对象的值，若值为非 0 数被视为真，若值为 0 被视为假。

（13）下述程序段的输出结果是（   ）。

```
int a=2,b=3,c=4,d=5;
int m=2,n=2;
a=(m=a>b)&&(n=c>d)+5;
printf("%d,%d",m,n);
```

   A. 0,2   B. 2,2   C. 0,0   D. 1,1

【答案】A。

【解释】语句 "a=(m=a>b)&&(n=c>d)+5;" 中 a>b 的值为 0，m 的值为 0，即 "&&" 的左件为 0，因此发生 "短路"，所以 n 保持其值 2，于是 (m=a>b)&&(n=c>d) 值为 0，a 的值为 5。所以选择 A。

（14）下列叙述中正确的是（   ）。

   A. break 语句只能用于 switch 语句
   B. 在 switch 语句中必须使用 default
   C. break 语句必须与 switch 语句中的 case 配对使用
   D. 在 switch 语句中，不一定使用 break 语句

【答案】D。

【解释】在 switch 语句中，不一定要用 break 语句。这时从第一个匹配的 case 后面的语句起所有的 case 后的语句都会被执行，直至遇到 break 或退出整个 switch 语句。所以选择 D。

2. 填空题

（1）C 语言中用_____表示逻辑值"真"，用_____表示逻辑值"假"。

【答案】1（非 0 数）0。

【解释】C 语言规定 1（非 0 数）表示逻辑值"真"，0 表示逻辑值"假"。

（2）以下程序执行后的输出结果是_____。

```
#include "stdio.h"
void main()
{
    int  x=10,y=20 ,t=0;
    if(x==y)
        t=x;
    x=y;
    y=t;
    printf("%d,%d\n",x,y);
}
```

【答案】20，0。

【解释】因 x==y 为假，执行"x=y;"，所以 x 的值是 20，再执行"y=t;"，因此 y 的值为 0。正确答案是 20，0。

（3）以下程序的功能，对输入的一个小写字母，将字母循环后移 5 个位置后输出。如 'a'变成'f'，'w'变成'b'，请补充语句。

```
#include "stdio.h"
void main()
{
    char c;
    scanf("%c",&c);
    if(c>='a'&&c<='u')
        _____;
    else if (c>='v'&&c<='z')
        _____;
    printf("%c\n",c);
}
```

【答案】c=c+5   c=c-21 或 c='a'+(c-'a'+5)%26。

【解释】当输入的字母是'a'与'u'时，将 c+5 赋值给 c 即可，但输入的是字母表'u'之后的字母时加 5 就会超出字母表的范围，所以 c=c-21 或 c='a'+(c-'a'+5)%26 可以计算出循环后移 5 个字母的位置。

（4）若将下面的语句段改为条件表达式，应为_____。

```
    if(a>b)
        max=a;
    else
        max=b;
```

【答案】max=a>b?a:b;。

【解释】该程序段表示的逻辑关系是：如果 a>b，则 a 赋值 max；否则 b 赋值 max。因此可以用条件表达式"max=a>b?a:b;"实现同样功能。

（5）有以下程序段，正确的数学函数关系是_____。

```
    if(x==0)
        y=0;
    else if(x>0)
        y=1;
    else
        y=-1;
```

【答案】

$$y=\begin{cases} 0, & x<0 \\ -1, & x=0 \\ 1, & x>0 \end{cases}$$

【解释】

（6）与条件表达式"x=k?i++:i--"等价的语句是_____。

【答案】

```
    if(k)
        x=i++;
    else
        x=i--;
```

【解释】该条件表达式 k?i++:i-- 表示的逻辑关系是：如果 k 为真，则表达式的值为 i++ 的值，否则表达式的值为 i--值；因此与以上程序段实现同样的功能。

（7）以下程序的输出结果为_____。

```
#include "stdio.h"
void main()
{
    int a=100;
    if(a>100)
        printf("%d\n",a>100);
    else
        printf("%d\n",a<=100);
}
```

【答案】1。

【解释】因 a>100 为假，所以执行"printf("%d\n",a<=100);"语句，又由于 a<=100 的

值为 1，所以输出 1。

3. 读程序写结果

（1）以下程序的输出结果是（　　）。

```c
#include "stdio.h"
void main()
{
    int a = 0,i;
    switch(i)
    {
    case 0:
    case 3: a += 2;
    case 1:
    case 2: a += 3;
    default: a += 5;
    }
    printf("%d\n",a);
}
```

【答案】5。

【解释】因为经过变量 i 的定义和默认值不等于 0、1、2、3，所以执行 switch 语句的 default 分支后的语句"a+=5;"，于是 a 的值为 5。

（2）以下程序的输出结果是（　　）。

```c
#include "stdio.h"
void main()
{
    int a,b,c;
    a=2;b=7;c=5;
    switch(a>0)
    {
    case 1:
        switch(b<10)
        {
        case 1:printf("@");break;
        case 0:printf("!");break;
        }
    case 0:
        printf("*");break;
    default:printf("&");
    }
}
```

【答案】@*。

【解释】a 的值为 2，表达式 a>0 的值为 1，所以执行 case 1 后面的语句，又因 b 的值

基础编程问题及解析

为 7，表达式 b<10 的值为 1，所以执行 case 1 后面的语句，输出 "@"，退出内层 switch 语句，再执行 case 0 后面的语句 "printf("*");"，输出 "*"，然后退出外层 switch 语句，所以输出了 "@*"。

（3）以下程序的输出结果是（　　）。

```c
#include "stdio.h"
void main()
{
    int a=1,b=2,d=0;
    if(a==1)
        d=1;
    else if(b!=3)
        d=3;
    else
        d=4;
    printf("%d\n",d);
}
```

【答案】1。

【解释】因 a==1 为真，执行 "d=1;" 后，d 的值为 1，跳出 if 语句，输出 d 的值，结果显示 1。

（4）以下程序的输出结果是（　　）。

```c
#include "stdio.h"
void main()
{
    int  x=1,y=0,a=0,b=0;
    switch(x)
    {
    case  1:
        switch(y)
        {
        case  1: a++; break;
        case  0: b++;
        case  2: b++; break;
        }
    case  2:  a++; b++; break;
    case  3:  a++; b++;
    }
    printf("\n a=%d, b=%d\n", a, b);
}
```

【答案】a=1,b=3。

【解释】因为 x 为 1，执行 case 1 后面的内层 switch 语句；又由于 y 的值为 0，执行 case 0 后面的语句 "b++;" 后，b 的值为 1，因后面没有 break 语句，所以接着执行 case 2 后面

的"b++;"，b 的值为 2，退出内层 switch，又因后面没有 break 语句，所以接着执行外层
switch 的 case 2 后面的语句，a 变 1，b 变 3，遇到 break，退出 switch，输出 a=1,b=3。

（5）以下程序的输出结果是_____。

```c
#include "stdio.h"
void main()
{
    int k1=1,k2=2,k3=3,x=15;
    if(!k1)
        x--;
    else if(k2)
    if(k3)
        x=4;
    else
        x=3;
    printf("x=%d\n",x);
}
```

【答案】x=4。

【解释】因为!k1 的值为假，继续比较第 2 个条件 k2 值为真，所以执行 if(k3)，由于 k3
值为 3 表示真，因此执行"x=4;"，x 的值为 4，所以输出 x=4。

（6）以下程序的输出结果是（　　）。

```c
#include "stdio.h"
void main()
{
    int a=-1,b=4,k;
    k=(a++<=0)&&(!b--<=0);
    printf("%d,%d,%d\n",k,a,b);
}
```

【答案】1，0，3。

【解释】执行语句"k=(a++<=0)&&(!b--<=0);"时先算(a++<=0)，即 a 与 0 比较值为 1
（真），a 再后加（自增 1），a 值为 0；接着算(!b--<=0)，先算!b 值为 0，再与 0 比较值为真，
b 再自减值为 3；最后再算&&，表达式的值为 1，赋值给 k，所以 k 的值为 1，输出 1，
0，3。

4．编程题

（1）编写一个程序，实现以下功能：从终端上输入两个整数，检查第一个数是否能被
第二个数整除，并输出判断结果。

【设计思想】

程序中先通过 scanf 输入两个整数，然后用"%"运算计算余数是否为 0，从而判断第
一个数是否能被第二个数整除，最后再根据结果输出提示信息。

【参考答案】

基础编程问题及解析

```
#include "stdio.h"
void main()
{
    int a,b;
    printf("请输入2个非0整数: ");
    scanf("%d%d",&a,&b);
    if(a && b)
        if(a%b)
            printf("第一个数不能被第二个数整除\n");
        else
            printf("第一个数能被第二个数整除\n");
    else
        printf("输入的数应该是非0整数\n");
}
```

程序的运行结果如图 3.6 所示。

图 3.6

（2）从键盘输入三角形的三条边，判断是否构成三角形。若能，则输出该三角形的面积及类型（等边、等腰、直角、一般），否则输出"不能构成三角形"。

【设计思想】

程序先通过 scanf 输入三角形的 3 条边，然后判断任意两边之和是否大于第三边，如果为真，则用海伦公式（已知三角形 3 条边算面积公式）计算它的面积。

【参考答案】

```
#include "stdio.h"
#include "math.h"
void main()
{
    float a,b,c,s,area;
    printf("请输入三角形的三条边: ");
    scanf("%f%f%f",&a, &b, &c);
    if(a+b>c&&a+c>b&&b+c>a)
    {
        s=(a+b+c)/2.0;
        area=sqrt(s*(s-a)*(s-b)*(s-c));
        printf("area=%6.2f,",area);
        if(a==b&&b==c)
```

```
            printf("是等边三角形。\n");
        else if (a==b||a==c||b==c)
            printf("是等腰三角形。\n");
        else if((a*a+b*b==c*c)||(a*a+c*c==b*b)||b*b+c*c==a*a)
            printf("是直角三角形。\n");
        else
            printf("是一般三角形。\n");
        }
        else
        printf("不能构成三角形。\n");
    }
```

程序的运行结果如图 3.7 所示。

图 3.7

（3）求 $ax^2+bx+c=0$ 方程的解。

基本的算法：

① $a=0$，不是二次方程。

② $b^2-4ac=0$，有两个相等实根。

③ $b^2-4ac>0$，有两个不等实根。

④ $b^2-4ac<0$，有两个共轭复根。

【设计思想】

先输入方程的系数，再通过计算 b^2-4ac 的值，分情形判断方程根的类型。

【参考答案】

```c
#include "stdio.h"
#include "math.h"
void main ()
{
    float a,b,c,disc,x1,x2,realpart,imagpart;
    scanf("%f,%f,%f",&a,&b,&c);
    printf("the equation ");
    if(fabs(a)<=1e-6)
        printf("is not a quadratic\n");
    else
    {
        disc=b*b-4*a*c;
        if(fabs(disc)<=1e-6)
```

基础编程问题及解析

```
            printf("has two equal roots:%8.4f\n",-b/(2*a));
    else
            if(disc>1e-6)
            {
                x1=(-b+sqrt(disc))/(2*a);
                x2=(-b-sqrt(disc))/(2*a);
                printf("has distinct real roots:%8.4f and %8.4f\n",x1,x2);
            }
            else
            {
                realpart=-b/(2*a);
                imagpart=sqrt(-disc)/(2*a);
                printf("has complex roots：\n");
                printf("%8.4f+%8.4fi\n",realpart,imagpart);
                printf("%8.4f-%8.4fi\n",realpart,imagpart);
            }
        }
    }
```

程序的运行结果如图 3.8 所示。

图 3.8

（4）编程序判断所输入整数的奇偶性。

【设计思想】

程序通过 scanf 输入一个整数，然后用"%"运算判断是否被 2 整除，从而判断是否是偶数。

【参考答案】

```
#include "stdio.h"
void main()
{
    int a;
    printf("请输入1个整数：");
    scanf("%d",&a);
    printf("输入的数是%s\n",a%2?"奇数":"偶数");
}
```

程序的运行结果如图 3.9 所示。

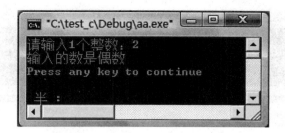

图 3.9

（5）某加油站有 a、b、c 三种汽油，单价分别为 6.12 元/千克、5.95 元/千克、5.75 元/千克。同时，提供"自动加油""手工加油"两种服务模式，分别给予 2% 和 5% 的优惠。编写程序实现功能：当用户输入加油量、汽油品种和服务类型后，输出应付款。

【设计思想】

程序输入加油量、汽油类型、服务模式，选择价格和服务模式的优惠，最后计算油价。

【参考答案】

```c
#include "stdio.h"
void main()
{
    float number,price,discount,total;
    int type,mode;
    printf("请输入加油量，汽油类型[97#（1），93#（2），90#（3）],
            服务模式[自动（4），手动（5）]:\n");
    scanf("%f%d%d",&number,&type,&mode);
    if(type<0 || type>3 || mode<4 || mode>5)
        printf("汽油类型或服务模式不存在\n");
    else
    {
        switch(type)
        {
        case 1:price=6.12;break;
        case 2:price=5.95;break;
        case 3:price=5.75;break;
        }
        switch(mode)
        {
        case 4:discount=0.02;break;
        case 5:discount=0.05;break;
        }
        total=number*price*(1-discount);
        printf("您应该付款%f元。\n",total);
    }
}
```

程序的运行结果如图 3.10 所示。

基础编程问题及解析

图 3.10

（6）企业发放的奖金数额根据利润提成。利润 i 低于或等于 10 万元的，奖金可提成 10%；利润高于 10 万元，低于或等于 20 万元，即 100 000＜i≤200 000 时，低于 10 万元的部分按 10%提成，高于 10 万元的部分，可提成 7.5%；200 000＜i≤400 000 时，低于 20 万的部分仍按上述办法提成（下同）。高于 20 万元的部分按 5%提成；400 000＜i≤600 000 时，高于 40 万元的部分按 3%提成；600 000＜i≤1 000 000 时，高于 60 万的部分按 1.5%提成；i＞1 000 000 时，超过 100 万元的部分按 1%提成。从键盘输入当月利润 i，求应发奖金总数。要求：

① 用 if 语句编写程序。

② 用 switch 语句编写程序。

【设计思想】

程序输入利润，根据利润选择计算奖金提成。

【参考答案】

① 用 if 语句编写的程序。

```c
#include "stdio.h"
void main()
{
    long i;                              //i为利润
    float  bonus,bon1,bon2,bon4,bon6,bon10;
    bon1=100000*0.1;                     //利润为10万元时的奖金
    bon2=bon1+100000*0.075;              //利润为20万元时的奖金
    bon4=bon2+100000*0.05;               //利润为40万元时的奖金
    bon6=bon4+100000*0.03;               //利润为60万元时的奖金
    bon10=bon6+400000*0.015;             //利润为100万元时的奖金
    printf("enter i:");
    scanf("%d",&i);
    if(i<=100000)
        bonus=i*0.1;                     //利润在10万元以内按10%提成奖金
    else if(i<=200000)
        bonus=bon1+(i-100000)*0.075;     //利润在10万元至20万元时的奖金
    else if(i<=400000)
        bonus=bon2+(i-200000)*0.05;      //利润在20万元至40万元时的奖金
    else if(i<=600000)
        bonus=bon4+(i-400000)*0.03;      //利润在40万元至60万元时的奖金
    else if(i<=1000000)
        bonus=bon6+(i-600000)*0.015;     //利润在60万元至100万元时的奖金
    else
```

```
        bonus=bon10+(i-1000000)*0.01;    //利润在100万元以上时的奖金
     printf("bonus=%f\n",bonus);
}
```

程序的运行结果如图 3.11 所示。

图 3.11

② 用 switch 语句编写程序。

```
#include "stdio.h"
void main()
{
    long i;
    float bonus,bon1,bon2,bon4,bon6,bon10;
    int c;
    bon1=100000*0.1;
    bon2=bon1+100000*0.075;
    bon4=bon2+200000*0.05;
    bon6=bon4+200000*0.03;
    bon10=bon6+400000*0.015;
    printf("enter i:");
    scanf("%ld",&i);
    c=i/100000;
    if(c>10)
        c=10;
    switch(c)
    {
    case 0: bonus=i*0.1; break;
    case 1: bonus=bon1+(i-100000)*0.075; break;
    case 2:
    case 3: bonus=bon2+(i-200000)*0.05;break;
    case 4:
    case 5: bonus=bon4+(i-400000)*0.03;break;
    case 6:
    case 7:
    case 8:
    case 9: bonus=bon6+(i-600000)*0.015; break;
    case 10: bonus=bon10+(i-1000000)*0.01;
```

基础编程问题及解析

```
    }
    printf("bonus=%f\n", bonus);
}
```

程序的运行结果如图 3.12 所示。

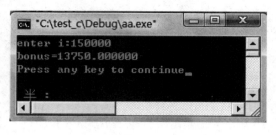

图 3.12

3.4 循 环 结 构

1. 选择题

（1）下列语句段将输出字符"*"的个数为（   ）。

```
int i=100;
while(1)
{
    i--;
    if(i==0)
        break;
    printf("*");
}
```

    A．98 个　　　　　　B．99 个　　　　　　C．100 个　　　　　　D．101 个

【答案】B。

【解释】由于程序中 while 语句的循环结束条件为 1（永真），执行该循环语句会导致无限循环，但是在循环体中还存在着 break 语句，它可以控制程序退出循环，执行 break 语句的条件是当 if(i==0)语句的条件 i==0 为真。在每次循环过程中语句 "i--;" 使 i 的值逐步减小，最终让 i 为 0。所以选择 B。

（2）t 为 int 类型，进入循环 while(t=1){...}之前，t 的值为 0，以下叙述中，正确的是（   ）。

    A．循环控制表达式的值为 0

    B．循环控制表达式的值为 1

    C．循环控制表达式不合法

    D．以上说法都不对

【答案】B。

【解释】while(t=1)的循环控制表达式做的是赋值运算，而不是比较运算，所以其值为 1。

（3）有以下程序段：

```
int x=3;
do
{
    printf("%3d",x-=2);
}while(!(--x));
```

程序段的输出结果是（   ）。

    A. 1   B. 3 0   C. 1 -2   D. 死循环

【答案】C。

【解释】do-while 循环直到!(--x)为假时才结束，循环初始 x 为 3，第一次循环 x-=2 使 x 值变 1，输出 1，接着算!(--x)值为真，x 的值变 0，继续循环；第二次循环 x-=2 使 x 值变 -2，输出-2，接着算!(--x)值为假，循环结束。所以选择 C。

（4）有以下程序段：

```
#include "stdio.h"
void main()
{
    int m=10,i,j;
    for(i=1;i<=15;i+=4)
        for(j=3;j<=19;j+=4)
            m++;
    printf("%d",m);
}
```

程序段的输出结果是（   ）。

    A. 12   B. 30   C. 20   D. 25

【答案】B。

【解释】程序为循环嵌套，外层循环 4 次，内层循环 5 次，所以"m++;"语句执行 20 次，由 10 变 30。所以选择 B。

（5）以下程序的执行结果是（   ）。

```
#include "stdio.h"
void main()
{
    int y = 2;
    do
    {
        printf( "*" );
        y--;
    } while( !y == 0 );
}
```

    A. *   B. **   C. ***   D. 空格

【答案】B。

【解释】循环结束条件是!y == 0 为假，循环初始 y 为 2，第一次循环输出*，执行"y--;"，y 值变 1，接着算!y == 0 值为真，继续循环，第二次输出*，再执行"y--;"，y 值变 0，接着算!y == 0 值为假，循环结束。所以选择 B。

（6）循环语句 "for(a=0,b=0;a<3 &&b!=3;a++,b+=2) a++;" 会（　　）

  A．无限循环 B．循环 1 次 C．循环 2 次   D．循环 4 次

【答案】B。

【解释】循环初始 a=0,b=0，循环结束条件 a<3 &&b!=3 为真，第一次循环执行 "a++;" a 变 1，计算循环修改条件 a++和 b+=2，a 变 2，b 变 2，循环结束条件 a<3 &&b!=3 为真，继续循环，第二次循环执行 "a++;" a 变 3，计算循环修改条件 a++和 b+=2，a 变 4，b 变 4，循环结束条件 a<3 &&b!=3 为假，循环结束。所以选择 C。

（7）以下程序的执行结果是（　　　　）。

```c
#include "stdio.h"
void main()
{
    int num = 0;
    while(num<=2)
    {
        num++;
        printf("%d,",num);
    }
}
```

  A．0,1,2,   B．1,2,   C．1,2,3,   D．1,2,3,4,

【答案】C。

【解释】循环初始 num 为 0，循环结束条件 num<=2 为真，第一次执行 "num++;"，num 变 1，输出 "1,"，接着判断循环结束条件 num<=2 为真，继续循环；第二次执行 "num++;"，num 变 2，输出 "2,"，循环结束条件 num<=2 为真，继续循环；第三次执行 "num++;"，num 变 3，输出 "3,"，判断循环结束条件 num<=2 为假，循环结束。所以选择 C。

（8）有如下程序：

```c
#include "stdio.h"
void main()
{
    int x=23;
    do
    {
        printf("%d",x--);
    }while(!x);
}
```

该程序的执行结果是（　　）。

  A．321   B．23   C．不输出任何内容   D．陷入死循环

【答案】B。

【解释】do-while 循环的特点之一就是即便初始条件已经使循环结束条件为假，但循环还是要执行。这个题就是一个典型的例子，初始时 x 为 23 循环结束条件!x 为假，但还要执行循环体 printf("%d",x--);语句一次，输出 23、x 变 22，接着判断循环结束条件!x 为假，这才使循环结束。所以选择 B。

（9）有如下程序：

```c
#include "stdio.h"
void main()
{
    int n=9;
    while(n>6)
    {
        n--;
        printf("%d ",n);
    }
}
```

该程序段的输出结果是（   ）。

    A．987   B．876   C．8765   D．9876

【答案】B。

【解释】这个是循环条件递减题，每次循环 n 减小 1，3 次循环后 n 变 6，循环结束条件为假，循环结束。所以选择 B。

（10）以下叙述正确的是（   ）。

    A．do-while 语句构成的循环不能用其他语句构成的循环代替

    B．do-while 语句构成的循环只能用 break 语句退出

    C．do-while 语句构成循环时，只有在 while 后的表达式为非零时结束循环

    D．do-while 语句构成循环时，只有在 while 后的表达式为零时结束循环

【答案】D。

【解释】事实上，3 种循环语句都是循环结束条件为假时循环就结束，do-while 语句也不例外。所以选择 D。

（11）以下程序执行后的输出结果是（   ）。

```c
#include "stdio.h"
void main()
{
    int i,s=0;
    for(i=1;i<10;i+=2)
        s+=i+1;
    printf("%d\n",s);
}
```

    A．自然数 1～9 的累加和   B．自然数 1～10 的累加和

C． 自然数 1～9 中奇数之和　　　　　　　　D． 自然数 1～10 中偶数之和

【答案】D。

【解释】循环中在循环修改条件 i+=2 的作用下，i 呈奇数增长，控制循环的进程，即 i 为 1、3、5、7、9、11，最后当 i 变为 11 时循环结束条件 i<10 为假，循环才结束。循环过程中 i 加 1（偶数）再累加到 s，即 s 是自然数 1～10 中的偶数之和。所以选择 D。

（12）下面程序段的运行结果是（　　　）。

```
#include "stdio.h"
void main()
{
    int a=1,b=2,c=2,t;
    while(a<b<c){ t=a;a=b;b=t;c--;}
    printf("%d,%d,%d",a,b,c);
}
```

　　　A． 1,2,0　　　　　　B． 2,1,0　　　　　　C． 1,2,1　　　　　　D． 2,1,1

【答案】A。

【解释】第一次循环，循环结束条件表达式 a<b<c 为真，执行循环体，a、b 的值换，c 的值变 1；接着循环结束条件表达式 a<b<c 为真，继续循环，执行循环体，a、b 的值换，c 的值变 0；接着循环结束条件表达式 a<b<c 为假，循环结束。输出 a、b、c 的值 1、2、0。所以选择 A。

（13）下面程序段的运行结果是（　　　）。

```
#include "stdio.h"
void main()
{
    int x=0,y=0;
    while(x<15)
    {
        y++;
        x+=++y;
    }
    printf("%d,%d",y,x);
}
```

　　　A． 20,7　　　　　　B． 6,12　　　　　　C． 20,8　　　　　　D． 8,20

【答案】D。

【解释】程序的循环中 x 是部分和变量，不断增加的 y 值（2、4、6、8）累加入 x 中，当部分和 x 的值超过 15 时，循环进行 4 次，循环结束，这时 y 为 8，x 为 20。所以选择 D。

（14）下述循环的循环次数是（　　　）。

```
#include "stdio.h"
void main()
{
```

```
int i=0,x=0,sum=0;
do
{
    scanf("%d",&x);
    sum+=x;
    i++;
}while(i<=9&&x!=100);
}
```

    A．最多循环 10 次   B．最多循环 9 次

    C．无限循环   D．循环 0 次

【答案】A。

【解释】do-while 语句至少执行 1 次，循环次数的上限视循环结束条件而定，此段程序中即便每次输入的 x 总是使 x!=100 为真，但随着 i 的增加，当 i>9 时 i<=9&&x!=100 为假，也就是最多循环 10 次时必将停止。所以选择 A。

（15）若运行下列程序时输入"2473"，则输出结果是（   ）。

```
#include "stdio.h"
void main()
{
    int cn;
    while((cn=getchar())!='\n')
    {
        switch(cn-'2')
        {
        case 0:
        case 1:putchar(cn+4);
        case 2:putchar(cn+4);break;
        case 3:putchar(cn+4);
        default:putchar(cn+2);
        }
    }
}
```

    A．668977   B．668966   C．6677877   D．6688766

【答案】A。

【解释】getchar()从键盘接收 1 个字符，如果是'\n'，则循环将结束。循环体中的 switch 语句根据输入的字符选择执行 case 后的语句。所以选择 A。

（16）设有程序段"int k=10;while(k==0)k=k-1;"，则下面描述中正确的是（   ）。

    A．while 循环执行一次   B．循环是无限循环

    C．循环体语句一次也不执行   D．循环体语句执行一次

【答案】C。

【解释】程序段中循环初始条件使循环结束条件在一开始就为假，所以循环体语句一次也不执行。

2. 填空题

（1）下面程序是从键盘输入的字符中统计字母字符的个数，请填空。

```
#include "stdio.h"
void main()
{
    int n=0,c;
    while((c=getchar())!='*')
        if(_____①_____)
            n++;
    printf("%d\n",n);
}
```

【答案】c>='A'&& c<='Z'|| c>='a'&& c<='z'。

【解释】字母字符的范围是 A～Z 和 a～z，满足条件就计数。当输入字符是 "*" 时循环结束。

（2）试求出 1000 以内的 "完全数"。[提示：如果一个数恰好等于它的因子之和（因子包括 1，不包括数本身），则称该数为 "完全数"。例如：6 的因子是 1、2、3，而 6=1+2+3，则 6 是 "完全数"。]

```
#include "stdio.h"
void main()
{
    int i,a,m;
    for(i=1;i<1000;i++)
    {
        for(m=0,a=1;a<=i/2;a++)
            if(!(i%a))  _____①_____;
            if(_____②_____)
                printf("%4d",i);
    }
}
```

【答案】①m+=a，②m==i。

【解释】通过枚举方法，逐一检查判断每个数是否符合条件。

（3）百马百担问题：有 100 匹马，驮 100 担货。大马驮 3 担，中马驮 2 担，两匹小马驮 1 担，问大、中、小马各多少匹？

```
#include "stdio.h"
void main()
{
    int hb,hm,hl,n=0;
    for(hb=0;hb<=100;hb+=_____①_____)
    {
        for(hm=0;hm<=100-hb;hm+=_____②_____)
```

```
    {
        hl=100-hb-_____③_____;
        if(hb/3+hm/2+2*_____④_____==100)
        {
            n++;
            printf("hb=%d,hm=%d,hl=%d\n",hb/3,hm/2,2*hl);
        }
    }
}
printf("n=%d\n",n);
}
```

【答案】①3 ②2 ③hm ④hl。

【解释】通过枚举方法，逐一检查判断每个数是否符合条件。

（4）下面程序的功能是：输入一个正整数，然后从右到左依次显示该整数的每一位。补充语句完成程序。

```
#include "stdio.h"
void main()
{
    int number,digit;
    printf("\n");                   /*换行*/
    scanf("%d",&number);
    printf("\n");
    do
    {
        _____①_____;             /*取出number变量中的末位数字*/
        printf("%d",digit);
        number/=10;                 /*去掉已经显示过的数字，重置number变量的值*/
    }while(_____②_____);         /*当每一位数字都显示后结束循环*/
    printf("\n");
}
```

【答案】①digit=number%10 ②number>0。

【解释】通过除 10 取余数的方法可以取到最低位的值，再除 10 把最低位去掉。循环反复就可以获得所有数位。

（5）执行以下程序后，输出"#"号的个数是（   ）。

```
#include "stdio.h"
void main()
{
    int i,j;
    for(i=1;i<5;i++)
        for(j=2;j<=i;j++)
            putchar('#');
```

```
    }
```

【答案】6 个。

【解释】外循环循环次数是 4 次，内循环循环次数是 0、1、2、3，所以共 6 次。

3. 读程序写结果

（1）
```
#include "stdio.h"
void main()
{
    int i;
    for(i=1;i<=5;i++)
    {
        if(i%2)
            printf("*");
        else
            continue;
        printf("#");
    }
    printf("$\n");
}
```

【答案】*#*#*#$。

【解释】程序循环 5 次，其中 i 为奇数（1、3、5）时 if(i%2)的条件 i%2 为真，输出 "*"
和 "#"；i 为偶数（2、4）时，if(i%2)的条件 i%2 为假，执行 continue 结束本次循环。所以
输出了 3 对 "*#"，最后输出 "$"。

（2）
```
#include "stdio.h"
void main()
{
    char c;
    int i;
    for(i=65;i<68;i++)
    {
        c=i+32;
        switch(c)
        {
        case 'a':
        case 'b':
        case 'c': printf("%c,",c); break;
        default:printf("end");
        }
    }
}
```

【答案】a,b,c,

【解释】程序循环 3 次，i 分别是 65、66、67，所以循环体中 c 变为 97、98、99，分别

输出 "a," "b," "c,"。

（3）
```c
#include "stdio.h"
void main()
{
    int j, k, x=0;
    for(j=0; j<2;j++)
    {
        x++;
        for(k=0; k<=3; k++)
        {
            if(k%2)  continue;
            x++;
        }
        x++;
    }
    printf("x=%d\n", x);
}
```

【答案】x=8。

【解释】外循环 2 次，内循环 4 次。内循环中 k 为 1、3 时条件 k%2 为真，执行 continue 结束本次循环，未修改 x 的值；而 k 为 0、2 时 x 的值增加 1，所以每次执行内循环，x 的值增加 2。另外，外循环体中前后 2 个 "x++;" 使 x 的值增加 2。总之，每执行一次外循环体让 x 增加 4，于是 2 次外循环就使 x 由 0 变 8。

（4）
```c
#include "stdio.h"
void main()
{
    int a=0,i;
    for(i=1; i<5; i++)
    {
        switch(i)
        {
        case 0:
        case 3: a += 2;
        case 1:
        case 2: a += 3;
        default: a += 5;
        }
    }
    printf("%d\n",a);
}
```

【答案】31。

【解释】程序循环 4 次，循环体中的 switch 语句根据 i 值匹配 case 并执行后面的赋值加语句；增加 a 的值。所以是计算和式：(3+5)+(3+5)+(2+3+5)+5。

（5）
```c
#include "stdio.h"
void main()
{
    int i;
    for(i=1;i+1;i++)
    {
        if(i>4)
        {
            printf("%d\n",i++);
            break;
        }
        printf("%d\n",i++);
    }
}
```

【答案】1✓3✓5✓。

【解释】程序执行中的循环结束条件不会等于 0，所以会无限循环，但循环体中有 break 语句可以退出循环，只要在 i 超过 4 时，在循环中 if 语句条件为真前，每次循环 i 增加 2，所以循环 3 次。

（6）
```c
#include "stdio.h"
void main()
{
    int x=15;
    while(x>10&&x<50)
    {
        x++;
        if(x/3)
        {
            x++;
            break;
        }
        else
            continue;
    }
    printf("%d\n",x);
}
```

【答案】17。

【解释】x 的值为 15，循环条件 x>10&&x<50 为真，进入循环执行"x++;"，x 的值变 16；if(x/3)的条件为真，执行"x++;"，x 的值变 17，执行"break;"退出循环，输出 x。

4. 编程题

（1）用一元纸币兑换一分、二分和五分的硬币，要求兑换硬币的总数为 50 枚，共有多少种换法？每种换法中各硬币分别为多少？

【设计思想】

可以采用穷举法编程。定义变量 a 的值为五分硬币的枚数，由于一元钱纸币最多能兑换 20 枚五分硬币，所有 a 的取值范围为 1～20；变量 b 的值为二分硬币的枚数，由于一元钱纸币最多能兑换 50 枚二分硬币，所以 b 的取值范围为 1～50。因为要求兑换硬币的总数为 50 枚，所以当五分和二分的硬币确定后，一分硬币的枚数 c 等于 50-a-b。

【参考答案】

```c
#include "stdio.h"
void main()
{
    int a,b,c,count=0;
    for (a=1;a<=20;a++)                    /*a为五分硬币的数目*/
    {
        for(b=1;b<=50;b++)                 /*b为二分硬币的数目*/
        {
            c=50-a-b;                      /*c为一分硬币的数目*/
            if(a*5+b*2+c*1==100)
            {
                printf("%d,%d,%d\n",a,b,c);   /*输出各种换法*/
                count++;                      /*累计换法总数*/
            }
        }
    }
    printf("总共有%d种换法\n",count);
}
```

程序的运行结果如图 3.13 所示。

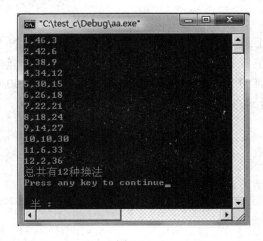

图 3.13

第 3 章

基础编程问题及解析

（2）输出所有的"水仙花数"。所谓"水仙花数"，是指一个3位数，其各位数字立方和等于该数本身。例如，153是一个水仙花数，因为 $153=1^3+5^3+3^3$。

【设计思想】

基本思想就是：对100～999的所有3位数进行检查，看是否符合要求。

【参考答案】

```c
#include "stdio.h"
void main()
{
    int i,j,k,n;
    printf("水仙花数有:\n");
    for (n=100;n<1000;n++)
    {
        i=n/100;
        j=n/10-i*10;
        k=n%10;
        if(n == i*i*i + j*j*j + k*k*k)
            printf("%d\n",n);
    }
}
```

程序的运行结果如图 3.14 所示。

图 3.14

（3）中国数学家张丘建在他的《算经》中提出了一个著名的"百钱百鸡问题"：鸡翁一，值钱五，鸡母一，值钱三，鸡雏三，值钱一，百钱买百鸡，问翁、母、雏各几何？提示：设鸡翁、鸡母和鸡雏的个数分别为 x、y、z。按题意给定100钱买100只鸡，若全买公鸡最多买20只，显然 x 的值在0～20之间；同理，y 的值在0～33之间，可得到下面的不定方程组：

$$\begin{cases} 5x+3y+z/3=100 \\ x+y+z=100 \end{cases}$$

所以，此问题可归结为求这个不定方程的整数解。

【设计思想】

请看上面提示。

【参考答案】

```
#include "stdio.h"
void main()
{
    int x,y,z,j=0;
    for(x=0;x<=20;x++)          /*外层循环控制鸡翁数在0~20之间变化*/
    {
        for(y=0;y<=33;y++)      /*内层循环控制鸡母数在0~33之间变化*/
        {
            z=100-x-y;          /*内外层循环控制下，鸡雏数z的值受x,y值的制约*/
            if(z%3==0 && 5*x+3*y+z/3==100)
                /*验证z取值的合理性及得到一组解的合理性*/
                printf("%2d: 鸡翁=%2d,母鸡=%2d,雏鸡=%2d\n",++j,x,y,z);
        }
    }
}
```

程序的运行结果如图 3.15 所示。

图 3.15

（4）输入一个数 n，制作一个高为 2*n-1 的菱形，其结构如下：

```
      *
     ***
    *****
   *******
  *********
 ***********
*************
***************
*****************(第 n 层)
 ***************
  *************
   ***********
    *********
     *******
      *****
       ***
        *
```

基础编程问题及解析

【设计思想】

通过循环语句嵌套输出图形，内层循环负责输出一行，外层循环控制输出图形的行数。

【参考答案】

```c
#include "stdio.h"
void main()
{
    int n,i,k;
    printf("请输入n的值: ");
    scanf("%d",&n);
    if(n<0||n>50)
    {
        printf("输入值错误!\n");
        return;
    }
    for(i=0;i<n;i++)                    //输出上面n行*号
    {
        for(k=0;k<n-i;k++)             //输出前导空格
            printf(" ");
        for(k=0;k<2*i+1;k++)
            printf("*");                //输出*号
        printf("\n");                   //输出完一行*号后换行
    }
    for(i=0;i<n-1;i++)                  //输出下面n-1行*号
    {
        for(k=0;k<=i+1;k++)           //输出前导空格
            printf(" ");
        for(k=0;k<2*(n-i-1)-1;k++)
            printf("*");                //输出*号
        printf("\n");                   //输出完一行*号后换行
    }
}
```

程序的运行结果如图 3.16 所示。

图 3.16

（5）输入一个自然数 n，将 n 分解为质因子连乘的形式输出，如输入 24，则程序输出为 24=2*2*2*3。

【设计思想】

略。

【参考答案】

```c
#include<stdio.h>
void main()
{
    int i,integer;
    printf("随意输入一个要分解的正整数:");
    scanf("%d",&integer);
    if(integer<=0)
        printf("该数据无法分解！\n");
    else
    {
        printf("%d=",integer);
        while(integer>=2)
        {
            for(i=2;i<=integer;i++)
            {
                if(integer%i==0)
                {
                    printf("%d",i);
                    integer=integer/i;
                    if(integer>1)
                        printf("*");   //输出乘号
                     break;
                }
            }
        }
        printf("\n");
    }
}
```

程序的运行结果如图 3.17 所示。

图 3.17

（6）找出 3～100 的质数。提示：i 从 3 循环到 100，j 从 2 循环到 sqrt(i)，如果 i 能整

基础编程问题及解析

除 j 则退出 j 循环；在 j 循环外 i 循环内比较，如果 j>sqrt(i)，则表示没找到可以整除 i 的数，所以 i 是质数，输出 i。

【设计思想】

请看上面提示。

【参考答案】

```c
#include<stdio.h>
#include<math.h>
main()
{
    int i,j;
    for(i=3;i<=100;i++)
    {
        int flag=1;
        for(j=2;j<=sqrt(i);j++)
        {
            if(i%j==0)
            {
                flag=0;
                break;
            }
        }
        if(flag)
            printf("%d ",i);
    }
    printf("\n");
}
```

程序的运行结果如图 3.18 所示。

图 3.18

（7）张三、李四、王五、赵六的年龄成一个等差数列，他们 4 人的年龄相加为 26，相乘为 880，求以他们的年龄为前 4 项的等差数列的前 20 项。提示：设数列的首项为 a，则前 4 项之和为"4*n+6*a"，前 4 项之积为"n*(n+a)*(n+a+a)*(n+a+a+a)"。同时，"1<=a<=4""1<=n<=6"，可采用穷举法求出此数列。

【设计思想】

请看上面提示。

【参考答案】

```c
#include "stdio.h"
void main()
```

```
{
    int n,a,i;
    printf("等差数列的前20项是:\n");
    for(n=1;n<=6;n++)                       /*公差n取值为1~6*/
        for(a=1;a<=4;a++)                   /*首项a取值为1~4*/
            if(4*n+6*a==26&&n*(n+a)*(n+a+a)*(n+a+a+a)==880)    /*判断结果*/
                for(i=0;i<20;i++)           /*输出前20项*/
                    printf("%d ",n+i*a);
    printf("\n");
}
```

程序的运行结果如图 3.19 所示。

图 3.19

（8）设甲乙有个合约：甲每天给乙 10 万元，乙第一天给甲 1 分，第二天 2 分，第三天 4 分（每天是前一天的 2 倍），问一个月（30 天）后甲给乙了多少钱，乙给甲了多少钱？

【设计思想】

略。

【参考答案】

```
#include "stdio.h"
void main()
{
    double sum1=0.0,sum2=0.01;
    int i;
    for(i=0;i<30;i++)
    {
        sum1+=100000;
        sum2*=2;
    }
    printf("甲给乙：%.2f元，乙给甲：%.2f元\n",sum1,sum2);
}
```

程序的运行结果如图 3.20 所示。

图 3.20

基础编程问题及解析

（9）一根长度为 139m 的材料，需要截成长度为 19m 和 23m 的短料，求两种短料各截多少根时，剩余的材料最少？

【设计思想】

略。

【参考答案】

```c
#include "stdio.h"
#define L 139
main()
{
    const int L1=19,L2=23;
    int min=L%L1;
    int a,b,i;
    for(i=0;i<=L/L1;i++)
    {
        if(min>(L-L1*i)%L2)
        {
            min=(L-L1*i)%L2;
            a=i;
            b=(L-L1*i)/L2;
        }
    }
    printf("当19m截%d根，23m截%d根，剩余%d米时，剩余材料最少\n",a,b,min);
}
```

程序的运行结果如图 3.21 所示。

图 3.21

3.5　数　　组

1. 选择题

（1）在 C 语言中引用数组元素时，其数组下标的数据类型允许的是（　　）。

    A. 整型常量　　　　　　　　　　B. 整型表达式

    C. 整型常量或整型表达式　　　　D. 任何类型的表达式

【答案】C。

【解释】C 语言中引用数组元素时，数组下标必须是整型，可以是常量，也可以是表达式。所以选择 C。

（2）以下能正确定义一维数组的选项是（　　　）。

    A．int num[];

    B．int num[0…100];

    C．#define n 100

       int num[n];

    D．int n=100;

       int num[n];

【答案】C。

【解释】定义数组时数组的长度要用常量或常量表达式表示，C 的 n 是常量所以正确；D 的 n 是变量，错误；B 的 0…100 不是常量表达式；A 没有规定数组长度，也没有用隐含方式说明数组长度。所以选择 C。

（3）有如下数组声明"int values[30];"，下标值引用错误的是（　　　）。

    A．values[30]　　　　　　　　B．values[20]

    C．values[10]　　　　　　　　D．values[0]

【答案】A。

【解释】题干中定义的数组长度是 30，所以该数组的下标范围是 0～29，此范围之外的下标均越界。所以选择 A。

（4）以下定义不正确的是（　　　）。

    A．float a[2][]={1};

    B．float a[][2]={1};

    C．float a[2][2]={1};

    D．float a[2][2]={{1},{1}};

【答案】A。

【解释】C 语言定义二维数组时可以通过初始化数据和第二维的大小推算出第一维的大小，没有第一维的大小或初始化数据就会产生歧义错误。所以 A 错误。

（5）若有如下定义"int a[][3]={1,2,3,4,5,6,7};"，则数组 a 第一维大小是（　　　）。

    A．2　　　　　　B．3　　　　　　C．4　　　　　　D．5

【答案】B。

【解释】因为数组的第二维是 3，所以也可以将数组的定义写成分行初始化赋值的格式即"int a[][3]={{1,2,3},{4,5,6},{7}};"，可以看出，第一维是 3，即该数组是个 3 行 3 列数组。所以选择 B。

（6）对两个数组 a 和 b 进行如下初始化：

```
char a[]="ABCDEF";
char b[]={'A','B','C','D','E','F'};
```

则下面描述正确的是（　　　）。

    A．a 和 b 数组完全相同　　　　　B．a 和 b 中都存放字符串

    C．sizeof(a)比 sizeof(b)大　　　　D．sizeof(a)与 sizeof(b)相同

【答案】C。

基础编程问题及解析

【解释】"char a[]="ABCDEF";" 定义中的字符串"ABCDEF"的最后面隐含了一个'\0'，即结束符，标志字符串到此结束。所以 a 数组的实际大小是 7，而 b 数组的大小只是 6。所以选择 C。

（7）判断字符串 a、b 是否相等，应当使用（　　）。

    A．if(a==b)　　　　　　　　B．if(a=b)

    C．if(strcpy(a,b)　　　　　　D．if(strcmp(a,b)==0)

【答案】D。

【解释】字符串的比较不可以用数值类型的比较运算进行，应该用 strcmp 函数进行。因此 A 错误，B 是赋值运算，C 是字符串复制函数。所以选择 D。

（8）以下选项中，能正确赋值的是（　　）。

    A．char s1[10];s1="Ctest";

    B．char s2[]={'C','t','e','s','t'};

    C．char s3[5]="Ctest";

    D．char s4="Ctest\n";

【答案】B。

【解释】对字符数组的初始化可以在定义时进行，即在定义时可以采用逐个赋值或整体赋值的方法进行，但须注意数组大小的和赋值数据个数的匹配，不能再定义之外进行整体赋值，所以 A 错误；C 的数组大小与字符串所占空间大小不匹配；D 是在定义一个字符变量；所以选择 B。

（9）如有定义"int a[]={1,1,1};int b[3]={1,1,1};"，表达式 a==b 的结果为（　　）。

    A．无法比较　　　B．为真　　　C．为假　　　D．不确定

【答案】C。

【解释】数组的名字代表数组在内存的首地址，a、b 两个数组在内存中各占据一段连续的内存空间，它们的首地址不相同，所以表达式 a==b 在比较它们的地址，结果为假。所以选择 C。

（10）以下程序的输出结果是（　　）。

```
#include "stdio.h"
void main()
{
    int a[8]={1,2,3,4,5,6,7,8},sum=0,i;
    for(i=0;i<8;i=i+2)
        sum=sum+a[i];
    printf("sum=%d",sum);
}
```

    A．输出一个不正确的值　　　　B．sum=36

    C．sum=20　　　　　　　　　　D．sum=16

【答案】D。

【解释】由程序的循环语句的循环条件修改表达式 i=i+2，可以看出，再将数组中的下标为 0、2、4、6 的元素挑选出来求和，结果为 16。所以选择 D。

（11）有以下程序的执行结果为（   ）。

```c
#include "stdio.h"
#include "string.h"
void main()
{
    char a[]="ABCDEFG";
    int m,n,t;
    m=0;
    n=strlen(a)-1;
    while(m<n)
    {
        t=a[m];
        a[m]=a[n];
        a[n]=t;
        m++;
        n--;
    }
    printf("%s",a);
}
```

    A．ABCDEFG   B．ABCGEFD   C．GFEDCBA   D．不正确

【答案】D。

【解释】可以看出，循环体中语句"t=a[m];a[m]=a[n];a[n]=t;"在进行数组元素 a[m]和 a[n]的互换操作，"m=0;n=strlen(a)-1;"语句将两个数组的下标变量分别设置为指向数组的第一个和最后一个元素，在循环过程中又通过"m++;"和"n--;"语句每次将它们向中间位置调整（直到两个下标变量相遇），所以该程序明显在进行数组的首尾元素对应调换。所以选择 C。

（12）以下程序的输出结果是（   ）。

```c
#include<stdio.h>
void main()
{
    int a[3][3]={{1,2},{3,4},{5,6}},i,j,s=0;
    for(i=1;i<3;i++)
        for(j=0;j<=1;j++)
    s+=a[i][j];
    printf("%d",s);
}
```

    A．18   B．19   C．20   D．21

【答案】A。

【解释】程序中"s+=a[i][j];"语句在将二维数组中1、2行的0列到1列的元素进行累加求和。外层和内层循环语句的循环控制变量作为数组的下标变量，用于控制参与求和的数组元素。程序执行时 i 由 1 变到 2，j 由 0 变到 1，所以这里的两层循环语句是将 1、2。

（13）有下面程序段，则（　　　）。

```c
char a[3],b[]="China";
a=b;
printf("%s",a);
```

　　A．运行后将输出 China　　　　　　　B．运行后将输出 Ch
　　C．运行后将输出 Chi　　　　　　　　D．编译出错

【答案】D。

【解释】数组名实际上是一个地址常量，它代表数组在内存的起始地址。常量不像变量，是不可以被赋值的。所以选择 D。

2. 读程序写结果题

（1）当从键盘输入 18 时，下面程序的运行结果是（　　　）。

```c
#include<stdio.h>
void main()
{
    int y,j,a[8];
    scanf("%d",&y);
    j=0;
    do
    {
        a[j++]=y%2;
        y++;
    }while(j<8);
    for(j=7;j>=0;j--)
        printf("%d\n",a[j]);
}
```

【答案】1↙0↙1↙0↙1↙0↙1↙0↙。

【解释】由循环初始表达式 j=0、循环修改表达式 j++、循环终止表达式 j<8 知道循环体将被执行 8 次；在循环过程中执行"a[j++]=y%2;"，y%2 的值赋给下标为 j 的数组元素 a[j]，然后 j 自增 1 指向下一个元素；接着执行"y++;"使 y 的值增 1，由于 y 的值在偶数或奇数间交替变化，所以 y%2 的值为 0（y 为偶数）和 1（y 为奇数）。输入 18 后 a 数组的元素值将变为 0，1，0，1，0，1，0，1。后面的 for 循环的功能是从最后一个元素起向前将数组元素逐一输出。

（2）下面程序的运行结果是（　　　）。

```c
#include<stdio.h>
main()
{
    int i;
    char str[]="12345";
    for(i=4;i>=0;i--)
```

```c
        printf("%c\n",str[i]);
    }
```

【答案】5↙4↙3↙2↙1↙。

【解释】由循环控制首部 for(i=4;i>=0;i--)可知，循环变量 i 在循环中递减（4，3，2，1，0），使对数组元素 str[i]的输出由数组的最后一个元素 str[4]开始向前直到第一个元素 str[0]。

（3）下面程序的运行结果是（   ）。

```c
#include<stdio.h>
main()
{
    int i=5;
    char c[6]="abcd";
    do
    {
        c[i]=c[i-1];
    }while(--i>0);
    puts(c);
}
```

【答案】aabcd。

【解释】程序循环体中执行"c[i]=c[i-1];"时将前一个元素 c[i-1]的值赋值给后一个元素 c[i]，该过程由最后一个元素开始向前直到第一个元素。最后通过 puts 函数将字符数组 c 输出。

（4）下面程序的运行结果是（   ）。

```c
#include<stdio.h>
main()
{
    int i,r;
    char s1[80]="bus",s2[80]="book";
    for(i=r=0;s1[i]!='\0'&&s2[i]!='\0';i++)
    {
        if(s1[i]==s2[i])
            i++;
        else
        {
            r=s1[i]-s2[i];
            break;
        }
    }
    printf("%d",r);
}
```

【答案】4。

基础编程问题及解析

【解释】由 for(i=r=0;s1[i]!='\0'&&s2[i]!='\0';i++)可知，循环将字符数组 s1 或 s2 从第一个元素起，取出对应的元素进行比较，直到遇到结束符'\0'就结束。并在循环体中比较 s1 和 s2 的对应元素，如果相等，则执行"i++;"，否则执行"r=s1[i]-s2[i];"，再执行 break 退出循环；所以循环到第二次时由于对应元素 s1[2]和 s2[2]不相等，计算 r 值为 4 后退出循环。

（5）下面程序的运行结果是（　　　　）。

```c
#include<stdio.h>
main()
{
    int a[4][4]={{1,2,-3,-4},{0,-12,-13,14},{-21,23,0,-24},{-31,32,-33,0}};
    int i,j,s=0;
    for(i=0;i<4;i++)
    {
        for(j=0;j<4;j++)
        {
            if(a[i][j]<0)
                    continue;
            if(a[i][j]==0)
                    break;
            s+=a[i][j];
        }
    }
    printf("%d\n",s);
}
```

【答案】58。

【解释】程序在二维数组中逐行查找元素，遇到 0 元素则退出该行的查找继续下行的查找，遇到小于 0 的元素则继续在该行下个元素的查找，遇到大于 0 的元素就累加求和。

3. 填空题

（1）下面的程序以每行 4 个数据的形式输出数组 a，请填空。

```c
#include<stdio.h>
#define N 20
main()
{
    int a[N],i;
    for(i=0;i<N;i++)
        scanf("%d",_____(1)_____);
    for(i=0;i<N;i++)
    {
        if(_(2)_) printf("\n");
        printf("%3d",a[i]);
    }
    printf("\n");
}
```

【答案】（1）&a[i]　（2）!(i%4)。

【解释】第一个循环语句循环 N 次，通过 scanf 函数输入数据为数组 a 初始化；第二个循环语句循环 N 次，从第一个元素到最后一个输出数组元素，当下标 i 被 4 整除时说明该行已经输出了 4 个元素，再多输出一个换行，即实现每行 4 个数的要求。

（2）以下程序是求矩阵 a、b 的和，结果存入矩阵 c 中，并按矩阵的形式输出。请填空。

```
#include<stdio.h>
main()
{
    int a[3][4]={{3,-2,7,5},{1,0,4,-3},{6,8,0,2}};
    int b[3][4]={{-2,0,1,4},{5,-1,7,6},{6,8,0,2}};
    int i,j,c[3][4];
    for(i=0;i<3;i++)
        for(j=0;j<4;j++)
            c[i][j]= (1) ;
    for(i=0;i<3;i++)
    {
        for(j=0;j<4;j++)
            printf("%3d",c[i][j]);
        _____(2)_____;
    }
}
```

【答案】（1）a[i][j]+b[i][j]　（2）printf("\n")。

【解释】在前一个循环通过循环嵌套对 2 个二维数组的所有元素逐行、逐列的访问，同时将 a 和 b 的对应元素取出相加并保存到 c，第二个嵌套循环再逐行、逐列地访问 c 将其输出。为了使输出成为矩阵的形式，在每行元素输出完后再输出一个换行。

（3）以下程序的功能是删除字符串 s 中的所有数字字符。请填空。

```
#include<stdio.h>
main()
{
    int i,n = 0;
    char s[]="f45dsa45fas8";
    for(i = 0; s[i]; i++)
        if ()
            s[n++] = s[i];
    s[n] = '\0';
}
```

【答案】s[i]<'0'||s[i]>'9'。

【解释】原理是通过循环将字符数组的所有元素检查一遍，当遇到数字字符时就移动 n 下标使该元素保留下来，遇到数字字符时不移动 n 下标让后面的非数字符覆盖它。

（4）以下程序的功能是求矩阵 B（除外围元素）的元素之积。

126

```
#include<stdio.h>
main()
{
    int i,j,f=1;
    int b[][4]={1,2,3,4,5,6,7,8,9,1,2,3,4,5,6,7};
    for(i=1; (1) ;i++)
        for(j=1;j<3;j++)
            f=f* (2) ;
    printf("f=%d\n",f);
}
```

【答案】（1）i<=2　（2）b[i][j]。

【解释】这是一个 4×4 的矩阵，求除外围元素以外的元素之积就是不要对 0 行、4 行、0 列、4 列的元素计算乘积。

4. 编程题

（1）编写程序实现"查表"功能，即如果若干个数据存放在一个数组 data 中，该程序对输入的任意一个数，查找数组 data 中是否有与这个数相等的数。若有，则输出该数在 data 中的位置，否则输出"没有找到数据！"。

【设计思想】

通过循环语句将数组中的元素逐一取出与输入的待查数据比较，如果相等说明找到，退出循环；否则换下个元素再比较，直到取完所有元素还没有发现相等者，则说明元素不存在。

【参考答案】

```
#include<stdio.h>
main()
{
    int i=0,data[]={1,3,5,2,7,6,8,9},x;        //假设若干整型数
    scanf("%d",&x);
    while(data[i]!=x && i<8) i++;
    if(i==8)
        printf("没有找到数据！\n");
    else
        printf("找到数据%d,下标是%d\n",data[i],i);
}
```

程序的运行结果如图 3.22 所示。

图 3.22

（2）找出二维数组的鞍点，即该位置上的元素在该行上最大，在该列上最小。二维数组也可能没有鞍点。

【设计思想】

对每行先找出最大元素记住该元素及其所在列，将该元素与它所在的列的所有元素比较看是否是最小元素，如果是则找到一个鞍点。

【参考答案】

```c
#include<stdio.h>
#define N 4
main()
{
    int i,j,k,a[N][N],max,col,flag;
    printf("请输入数组元素：\n");
    for(i=0;i<N;i++)
        for(j=0;j<N;j++)
            scanf("%d",&a[i][j]);
    for(i=0;i<N;i++)
    {
        max=a[i][0];
        col=0;
        for(j=0;j<N;j++)
            if(a[i][j]>max)
            {
                max=a[i][j];
                col=j;
            }
        flag=1;
        for(k=0;k<N;k++)
            if(max>a[k][col])
            {
                flag=0;
                continue;
            }
        if(flag==1)
        {
            printf("a[%d][%d]=%d",i,col,max);
            break;
        }
    }
    if(flag==0)
        printf("该数组不存在鞍点\n");
}
```

（3）输入一个字符串，把该字符串中的字符按照由小到大的顺序重新排列。

【设计思想】

对输入字符串采用冒泡排序法进行排序。

【参考答案】

```c
#include<stdio.h>
#include<string.h>
#define N 50
main()
{
    int i,j;
    char s[N],temp;
    printf("请输入一个字符串，长度在50个字符以内\n");
    gets(s);
    for(i=0;i<strlen(s)-1;i++)
        for(j=0;j<strlen(s)-1-i;j++)
            if(s[j]>s[j+1])
            {  temp=s[j];s[j]=s[j+1];s[j+1]=temp;  }
    printf("排序后的字符串为：\n");
    puts(s);
    printf("\n");
}
```

程序的运行结果如图 3.23 所示。

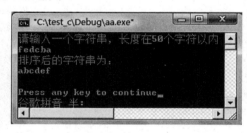

图 3.23

（4）编程计算输入的整数之和，当和数超过 5000 时停止，将参与求和的整数按升序输出。

【设计思想】

在循环语句中安排将输入的数据保存并求和，发现和数超过 5000 时即停止，然后输出数组中的所有数据。

【参考答案】

```c
#include<stdio.h>
void main()
{
    int i=0,j,n,a[50],sum,temp;
    printf("请输入任意整数，数量不超过50个\n");
```

```
    scanf("%d",&a[i]);
    sum=a[i];
    while(sum<5000 && i<50)
    {
        i++;
        scanf("%d",&a[i]);
        sum+=a[i];
    }
    for(n=0;n<i-1;n++)
        for(j=0;j<i-1-n;j++)
            if(a[j]>a[j+1])
            {
                temp=a[j];
                a[j]=a[j+1];
                a[j+1]=temp;
            }
    for(n=0;n<=i;n++)
        printf("%8d\n",a[n]);
}
```

程序的运行结果如图 3.24 所示。

图 3.24

（5）输入 10 个 1～200 的整数，将能被 7 整除的数剔除，显示余下的数据。

【设计思想】

在循环语句中对输入的数据进行检查，将符合要求的保存到数组，然后输出数组中的
所有数据。

【参考答案】

```
#include<stdio.h>
void main()
{
```

基础编程问题及解析

```
int i=0,n,a[10],x;
printf("输入10个1～200的整数：\n");
for(n=0;n<10;n++)
{
    scanf("%d",&x);
    if(x%7 && x>=1 && x<=200)
        a[i++]=x;
}
if(i)
{
    printf("符合要求的数：\n");
    for(n=0;n<i;n++)
        printf("%d\n",a[n]);
}
else
    printf("没有符合要求的数\n");
}
```

程序的运行结果如图 3.25 所示。

图 3.25

3.6 函   数

1. 选择题

（1）下面正确的函数定义是（   ）。

    A．doublefun(intx, inty)   B．doublefun(intx; inty)

    C．doublefun(intx, y)   D．doublefun(intx, y;)

【答案】A。

【解释】函数定义的首部：类型名函数名(形参表列)，其中形参表列中各形参间用"，"分开，所以 B 错误；每个形参都必须有类型说明，所以 C 错误；形参表列结束不用"；"，所以 D 错误。所以选择 A。

（2）默认修饰符的情况下，函数自身是（　　）。

    A．static   B．auto   C．register   D．Extern

【答案】D。

【解释】如果函数定义中没有说明 extern 或 static，则隐含为 extern。

（3）下面不正确的说法是（　　）。

    A．通常 C 程序是由许多小函数组成的，而不是由少量大函数组成的

    B．在源文件中可以以不同的顺序定义函数

    C．通常调用函数前，函数必须被定义和声明

    D．dummy(){ } 是无用的函数

【答案】D。

【解释】函数体中没有语句的函数叫空函数，在程序设计初期有时可以用来建立初步的函数间调用关系，待未来再完善。

（4）选择程序的结果（　　）。

```
#include "stdio.h"
increment()
{
    static int x=0;
    x+=1;
    printf("%d  " , x );
}
void main()
{
    increment();
    increment();
    increment();
}
```

    A．1 1 1   B．1 2 3   C．0 1 2   D．0 0 0

【答案】B。

【解释】在函数 increment 中定义 x 为静态变量，当退出函数后 x 仍然存在，变量 x 将保持现有的值，直到程序终止时才消失。三次调用 increment 函数，x 每次增加 1 并输出，所以选择 B。

（5）若函数的形参为一维数组，则下列说法中正确的是（　　）。

    A．调用函数时的对应实参必为数组名

    B．形参数组可以不指定大小

    C．形参数组的元素个数必须等于实参数组的元素个数

D．形参数组的元素个数必须多于实参数组的元素个数

【答案】B。

【解释】实参数组和形参数组大小可以一致也可以不一致，形参是数组时，实参采用地址传递，即 C 编译对形参数组大小不做检查、不分配内存，只是将实参数组的首地址传给形参数组名。所以选择 B。

（6）下面叙述中正确的是（　　　）。

A．全局变量在定义它的文件中的任何地方都是有效的

B．全局变量在程序的全部执行过程中一直占用内存单元

C．同一文件中的变量不能重名

D．使用全局变量有利于程序的模块化和可读性的提高

【答案】B。

【解释】全局变量的作用域从定义点起到本文件结束，A 错误；局部变量在各函数内部或语句块中定义，作用域只在定义它的函数内部或语句块中，所以在不同作用域中可以重名定义，C 错误；全局变量不有利于程序的模块化，D 错误；全局变量并不属于哪一个函数，生存期与程序相同。所以选择 B。

（7）C 程序的基本结构单位是（　　　）。

A．文件　　　　　　B．语句　　　　　　C．函数　　　　　　D．表达式

【答案】C。

【解释】C 程序的基本结构单位是函数。所以选择 C。

（8）有如下函数调用语句：

```
func(rec1,rec2+rec3,rec4);
```

该函数调用语句中，含有的实参个数是（　　　）。

A．3　　　　　　　　B．4　　　　　　　　C．5　　　　　　　　D．有语法错误

【答案】A。

【解释】函数调用语句时实参可以是表达式（如 rec2+rec3），先计算表达式的值，再传递给形参。所以选择 A。

（9）在 C 语言中，局部变量的隐含存储类别是（　　　）。

A．auto　　　　　　B．static　　　　　　C.register　　　　　　D．无存储类别

【答案】A。

【解释】自动变量只能在函数内部或语句块中定义，所以未加存储类型说明符的局部变量是自动变量。所以选择 A。

（10）一个 C 语言程序的执行是（　　　）。

A．从程序的主函数 main 开始，到主函数 main 结束

B．从程序的第一个函数开始，到最后一个函数结束

C．从程序的主函数 main 开始，到最后一个函数结束

D．从程序的第一个函数开始，到程序的主函数 main 结束

【答案】A。

【解释】每个程序中 main 函数必须有一个，且只能有一个。它是第一个被运行的函数。

2. 读程序，写结果

（1）以下程序的运行结果是（　　　）。

```
#include "stdio.h"
int func(int a,int b)
{
    static int m=0, j=2; /*静态局部变量*/
    j+=m+1;
    m=j+a+b;
    return(m);
}
main()
{
    int k=4,m=1,p;
    p=func(k,m);
    printf("%d,",p);
    p=func(k,m);
    printf("%d\n",p);
}
```

【答案】8,17。

【解释】程序演示了静态变量在函数被多次调用中的变化情况。m 和 j 的存储类型被 func 函数定义为静态变量，它们的生命周期与程序相同，即离开定义它们的函数后，依然存在，存储空间不会被释放，并保存前次被调用后留下的值。主函数第一次调用 func 后 m 和 j 的数值分别为 8 和 3；第二次调用 func 时上次调用留在 m 和 j 中的数值 8 和 3 依然存在，参与运算后 m 变为 17，j 变为 12。

（2）以下程序的运行结果是（　　　）。

```
#include<stdio.h>
int z;          /*全局变量*/
void f(int);
main()
{
    z=5;
    f(z);
    printf("z=%d\n",z);
}
void f(int x)
{
    x=2;
    z+=x;
}
```

【答案】z=7。

【解释】程序演示全局变量的使用。z 被程序定义为全局变量，主函数执行中先访问 z 并赋值为 5，接着将其作为调用函数 f 时的实参值传递给 f 的形参 x，但进入函数 f 后 x 变为 2，于是 z 变为 7，从函数 f 返回主函数后 z 再次被读取，然后输出。

（3）以下程序的运行结果是（　　　）。

```c
#include<stdio.h>
void num()
{
    extern int x,y;
    int a=15,b=10;
    x=a-b;
    y=a+b;
}
int x,y; /*全局变量*/
main()
{
    int a=7,b=5;
    x=a+b;y=a-b;
    num();
    printf("%d,%d\n",x,y);
}
```

【答案】5,25。

【解释】程序演示了全局变量和外部变量的使用。程序将 x、y 定义成全局变量。在函数 num 将 x、y 说明为外部变量（表示它们已经在其他地方定义过，所以不再为它们分配内存空间）。主函数执行时，x、y 通过"x=a+b;y=a-b;"语句变为 12 和 2，接着调用函数 num，x、y 变为 5 和 25，从函数返回到主函数后，再次被读取然后输出。

（4）以下程序的运行结果是（　　　）。

```c
#include "stdio.h"
f(int a[])
{
    inti=0;
    while(a[i]<=10)
    {
        printf("%d ",a[i]);i++;
    }
}
main()
{
    int a[]={1,5,10,9,11,7};
    f(a+1); /*地址作实参*/
}
```

【答案】5　10　9。

【解释】程序演示了数组作为函数 f 的形参被定义，主函数在调用函数 f 时实参数组 a 如何以地址传递方式将 a 数组的地址传递到函数 f 的形参 a（尽管它们名字相同，但作用域不同，均是局部变量，不会产生重复定义），然后在函数中被处理的过程。主函数执行时为数组 a 分配内存空间，然后将数组名 a（即数组的首元素地址）加 1（指向下一个元素，即第 2 个元素 5），这样调用函数 f 时传递给其形参 a 的实际上是实参数组 a 的第 2 个元素的地址，这时函数 f 的形参 a 把它当成了数组的首地址，所以就不难理解 i=0，在 while 循环中从数组元素 a[0]开始，对数组的元素进行逐一访问，直到遇到元素值超过 10，即数值为 11 的那个元素，退出循环。

（5）以下程序的运行结果是（　　　）。

```c
#include "stdio.h"
fun(int k,int j)
{
    int x=7;
    printf("k=%d,j=%d,x=%d\n",k,j,x);
}
main()
{
    int k=2,x=5,j=7;
    fun(j,6); /*单向值传递*/
    printf("k=%d,j=%d,x=%d\n",k,j,x);
}
```

【答案】k=7,j=6,x=7✓k=2,j=7,x=5✓。

【解释】程序演示了主函数调用函数 fun 时实参 j 和 7 采用值传递方式将数据传递给函数 fun 的形参 k 和 j，并在其中输出。另外尽管函数中定义了同名变量 k、x、j，但是它们都是局部变量，作用域只在函数内部，不会产生重复定义错误。

（6）以下程序的运行结果是（　　　）。

```c
#include "stdio.h"
inct()
{
    int x=0;
    x+=1;
    printf("x=%d\t",x);
}
inc1()
{
    static int y=0; /*静态局部变量*/
    y+=2;
    printf("\ny=%d\t",y);
}
main()
{
    inct();inct();inct();
    inc1();inc1();inc1();
}
```

基础编程问题及解析

【答案】x=1　x=1　x=1✓ y=2✓ y=4✓ y=6。

【解释】程序演示了动态变量和静态变量的运行结果的对比。函数 inct 定义的 x 是动态变量，函数 inc1 定义的 y 是静态变量，动态变量 x 在函数 inct 中被定义，分配内存空间，离开函数时占用的空间将被释放，其中的数据将不会被保留，所以 3 次调用输出的结果都是 1；而函数 inc1 中的 y 为静态变量，函数第 1 次被调用时分配内存空间给 y，它就一直存在，直到程序结束，每次调用时对它的修改又将被保留下来，直到下次函数调用时参与运算并再次被修改，所以 y 的 3 次输出值不同，分别是 2，4，6。

（7）以下程序的运行结果是（　　　）。

```c
#defineA 4
#defineB(x) A*(x)/2 /*有参宏定义*/
#include "stdio.h"
main()
{
    float c,a=4.5;
    c=B(a);
    printf("%5.1f\n",c);
}
```

【答案】9.0。

【解释】程序有两个宏定义。B(x)为带参宏定义，代替 A*(x)/2，x 为参数，即 B(a)替换为 A*(a)/2，a 的值为 4.5，A 为 4，所以 B(a)为 9.00000。

（8）以下程序的运行结果是（　　　）。

```c
#include<stdlib.h>
#define FOREVER  1        /*宏定义*/
#define STOP  4
void main()
{
    void f(void);
    while(FOREVER)
    f();
}
void f(void)
{
    static int cnt=0;     /*静态局部变量*/
    printf("cnt=%d\n",++cnt);
    if(cnt==STOP)
        exit(0);
}
```

【答案】cnt=1✓ cnt=2✓ cnt=3✓ cnt=4✓。

【解释】程序有两个宏定义 FOREVER 和 STOP。在程序中，FOREVER 用 1 代替，STOP 用 4 代替，因此主函数中 while 成为无限循环，不断调用和退出函数 f。调用时 cnt 先自增，再输出值，而 cnt 为静态变量，每次退出函数时 cnt 占用的内存不会被释放，函数再次被调用时上次的值仍然保留，所以 cnt 的值将在每次调用后持续自增，最后变为 4 时执行"exit(0);"，整个程序将正常结束。

（9）以下程序的运行结果是（　　　）。

```c
#include<stdio.h>
#include "stdio.h"
ff(int x)
{
    x=x+2;
    return x;
}
void main()
{
    int a=3,b;
    b=ff(a); /*单向值传递*/
    printf("a=%d,b=%d\n",a,b);
}
```

【答案】a=3,b=5。

【解释】从函数的形式参数 x 的定义可知，x 采用传值方式进行实参到形参的数据传递，因此调用函数时，形参数值的改变不会影响实参，因为在函数被调用时，形参 x 作为局部变量，系统会为它分配另外的存储空间，函数对 x 的改变在这个新空间中进行，不会影响到 x 所对应的全局变量 a，a 仍保持调用之前的值 3；函数通过执行"return x;"语句返回 x 的值，然后再赋值给实参 b。

（10）以下程序的运行结果是（　　　）。

```c
#include "stdio.h"
int func(int a,int b)
{
    return(a+b);
}
void main()
{
    int x=2,y=5,z=8,r;
    r=func(func(x,y),z);        /*嵌套调用*/
    printf("%d\n",r);
}
```

【答案】15。

【解释】函数 func 实现两数求和并返回结果。执行"r=func(func(x,y),z);"语句，会先调用函数 func(x,y)求 x、y 的和并返回结果(x+y)，后又再调用函数 func，求(x+y)与 z 的和((x+y)+z)。

3. 填空题

下面的程序计算 10 个同学一科成绩的平均分。

137

137

```
#include "stdio.h"
_____average(floatarray[10])
{
    inti;
    floatsum=array[0];
    for(i=1;i<10;i++)
        sum += array[i];
    returnsum /10;
}
void main()
{
    floatscore[10], aver;
    inti;
    for(i=0;i<10;i++)
        scanf("%f",_____);
    aver=_____;
    printf("averagescoreis %5.2f \n",aver);
}
```

【答案】float, &score[i], average(score)。

【解释】程序中定义的函数 average 的功能是求平均分。其中 sum 定义为 float，所以 "returnsum/10;" 返回的值是 float，即函数的返回值类型填 float；主函数中先要对学生成绩数组 score 进行输入，具体由 for 循环控制输入数组 score 的每个元素，所以填&score[i]；然后再调用求平均分函数计算平均分，所以填 average(score)，其中实参数组 score 要采用传地址方式传递到形参数组 array。

4. 编程题

（1）编写一个判断素数的函数，在主函数中输入一个整数，输出是否是素数的信息。

【设计思想】

素数是一个大于 1 的自然数，除了 1 和它本身外，不能被其他自然数整除（除 0 以外）的数称为素数，素数也叫质数。要验证一个整数 x 是否为素数，可以用 $2 \sim \sqrt{x}$ 的所有整数去试除 x 看是否能被整除。

【参考答案】

```
#include<stdio.h>
#include<math.h>
void main()
{

    int prime(int);
    int num;
    printf("enter a number : ");
    scanf("%d",&num);
    if(prime(num))
        printf("%d 是素数\n",num);
```

```
    else
        printf("%d 不是素数\n",num);
}
int prime(int x)
{
    int i,n;
    n=(int)sqrt(x);
    for(i=2;i<=n;i++)
        if(x%i==0)
            return 0;
    return 1;
}
```

程序的运行结果如图 3.26 所示。

图 3.26

（2）编写一个函数求 x 的 n 次方（n 是整数），在主函数中调用它求 5 的 3、4、5、6 次方。

【设计思想】

函数的算法可用传值方式接收 x 和 n，然后在循环语句控制下将 n 个 x 的乘积求出。

【参考答案】

```
#include "stdio.h"
float nmul(float x,int n)
{
    int i;
    float m=x;
    if(x)
        for(i=2;i<=n;i++)
            m*=x;
    else
        m=0;
    return m;
}
void main()
{
    int i;
    for(i=3;i<=6;i++)
        printf("5的%d次方:%.2f\n",i,power(5,i));
}
```

程序的运行结果如图 3.27 所示。

基础编程问题及解析

图 3.27

（3）编写一个函数，由实参传来一个字符串，统计字符串中字母、数字、空格和其他字符的个数，在主函数中输入字符串并输出统计结果。

【设计思想】

可以将字符串的每个字符从头至尾逐一读出，判断是字母、数字或空格并进行统计。

【参考答案】

```c
#include "stdio.h"
#include "string.h"
void count(char str[],int r[4])
{
    int i=0;
    while(str[i]!='\0')
    {
        if(str[i]==' ')
            r[0]++;
        else if(str[i]>='0' && str[i]<='9')
            r[1]++;
        else if(str[i]>='a'&& str[i]<='z'||str[i]>='A'&& str[i]<='Z')
            r[2]++;
        else
            r[3]++;
         ++i;
    }
}
void main()
{
    char str[81];
    int r[4]={0,0,0,0};
    printf("input a string\n");
    gets(str);
    count(str,r);
    printf("空格：%d,数字：%d,字母%d,其他：%d\n",r[0],r[1],r[2],r[3]);
}
```

程序的运行结果如图 3.28 所示。

（4）编写一个可以将字符串逆序的函数，在主函数中调用该函数将输入字符串逆序输出。

图 3.28

【设计思想】

设置两个指针，分别从字符串的首尾逐步向中间靠拢，同时交换两个字符的存放位置，直到两个指针在中间相遇为止。

【参考答案】

```c
#include "stdio.h"
void reveser(char str[])
{
    int b=0,e=strlen(str)-1;
    char tmp;
    while(b<=e)
    {
        tmp=str[b];
        str[b]=str[e];
        str[e]=tmp;
        b++;
        e--;
    }
}
void main()
{
    char s[100];
    printf("input a string\n");
    gets(s);
    reveser(s);
    puts(s);
}
```

程序的运行结果如图 3.29 所示。

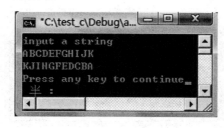

图 3.29

141

第
3
章

基础编程问题及解析

（5）编写一个将一个字符串插入另一个字符串中指定位置的函数，在主函数中调用该函数实现字符串插入操作。

【设计思想】

将第一个字符串从指定位置起的后半段，向后平移要插入的字符串长度，然后将字符串插入其中。

【参考答案】

```c
#include "stdio.h"
#include "string.h"
int insert(char str1[],char str2[],int p)
{
    char s;
    int i=strlen(str1),n,j;
    if(p<0 || i<p)
        return 0;
    else
    {
        n=strlen(str2);
        while(p<=i)
        {
            str1[i+n]=str1[i];
            s=str1[i];
            i--;
        }
        for(i=p,j=0;i<p+n;i++,j++)
            str1[i]=str2[j];
    }
    return 1;
}
void main()
{
    char s[100]="ABCDEFG",a[]="123";
    if(insert(s,a,3))
        puts(s);
    else
        puts("插入位置非法");
}
```

程序的运行结果如图 3.30 所示。

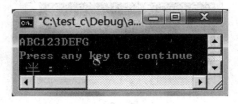

图 3.30

（6）编写一个字符替换函数，可以将所给字符串中与指定字符相同的所有字符替换成要求的字符，并在主函数中调用该函数实现字符替换操作。

【设计思想】

可以将字符串的每个字符从头至尾逐一读出，判断是否为指定字符，若是则替换。

【参考答案】

```c
#include "stdio.h"
void replace(char str[],char c,char s)
{
    int i=0;
    if(s!='\0')
    {
        while(str[i]!='\0')
        {
            if(str[i]==c)
                str[i]=s;
            i++;
        }
    }
}
void main()
{
    char s[100]="ABCDECCFGC";
    replace(s,'C','5');
    puts(s);
}
```

程序的运行结果如图 3.31 所示。

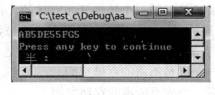

图 3.31

3.7 自定义数据类型

1. 选择题

（1）已知学生记录描述为：

```c
struct student
{
    int no;
    char name[20];
    char sex;
```

基础编程问题及解析

```
        struct
        {
            int year;
            int month;
            int day;
        } birth;
    };
    struct students;
```

设变量 s 中的"生日"应是"1984 年 11 月 11 日"，下列对"生日"的正确赋值方式是（   ）。

    A．year=1984; month=11; day=11;

    B．birth.year=1984; birth.month=11; birth.day=11;

    C．s.year=1984; s.month=11; s.day=11;

    D．s.birth.year=1984; s.birth.month=11; s.birth.day=11;

【答案】D。

【解释】这里是结构体的嵌套定义，对非指针型结构体变量 s 的引用是通过多级的分量运算进行的，对最低一级的成员进行引用，即采用"."成员运算符逐层进行，先外层再内层，所以对生日的赋值要先引用 s.birth，再引用它的低级成员 s.birth.year、s.birth.month 和 s.birth.day。

（2）当说明一个共用体变量时，系统分配给它的内存是（   ）。

    A．各成员所需内存量的总和   B．结构中第一个成员所需内存量

    C．成员中占用内存量最大者所需的容量   D．结构中最后一个成员所需内存量

【答案】C。

【解释】共用体的各个成员是以同一个地址开始存放的，每一个时刻只可以存储一个成员。所以，一般情况下共用体类型的存储空间按其所占字节数最多的成员进行分配。

（3）在说明一个结构体变量时系统分配给它的存储空间是（   ）。

    A．该结构体中第一个成员所需的存储空间

    B．该结构体中最后一个成员所需的存储空间

    C．该结构体中占用最大存储空间的成员所需的存储空间

    D．该结构体中所有成员所需存储空间的总和

【答案】D。

【解释】定义结构体变量时系统为定义的变量分配存储空间，每个结构体变量所占内存长度是各成员所占的内存长度之和。

（4）C 语言共用体类型变量在程序运行期间（   ）。

    A．所有成员一直驻留在内存中   B．只有一个成员驻留在内存中

    C．部分成员驻留在内存中   D．没有成员驻留在内存中

【答案】B。

【解释】共用体的各个成员是以同一个地址开始存放的,每一个时刻只可以存储一个成员，所以 B 正确。

（5）下面对 typedef 的叙述中不正确的是（　　）。

    A．用 typedef 可以定义各种类型名，但不能用来定义变量

    B．用 typedef 可以增加新类型

    C．typedef 只是将已存在的类型用一个新的标识符代表

    D．使用 typedef 有利于程序的通用和移植

【答案】C。

【解释】typedef 为 C 语言的关键字，作用是为一种数据类型定义一个新名字。

（6）设有如下枚举类型定义：

```
enumcolor{ red=3, yellow, blue=10, white, black};
```

其中枚举量 black 的值是（　　）。

    A．7   B．15   C．14   D．12

【答案】D。

【解释】每个枚举常量的值取决于它在定义时排列的次序，blue 的值为 10 后 2 位是 black，所以 black 的值是 12。

（7）有以下程序：

```
#include<stdio.h>
union pw
{
    int i;
    char ch[2];
} a;
void main()
{
    a.ch[0]=13;
    a.ch[1]=0;
    printf("%d\n",a.i);
}
```

程序的输出结果是（　　）。注意：ch[0]在低字节，ch[1]在高字节。

    A．13   B．14   C．208   D．209

【答案】A。

【解释】执行 "a.ch[0]=13;a.ch[1]=0;" 后，ch[0]在低字节，ch[1]在高字节，在输出 a.i 时将它们作为整型数输出。

（8）以下对枚举类型名的定义中正确的是（　　）。

    A．enuma={a,b,c};   B．enuma{a=5,b=3,c};

    C．enuma={"a","b","c"};   C．enuma{"a","b","c"};

【答案】B。

【解释】枚举类型名的定义格式是：enum 枚举类型名{枚举常量列表}，所以 B 符合要求。

（9）以下程序的输出结果是（　　）。

```c
#include<stdio.h>
union myun
{
    struct {int x,y,z;}u;
    int k;
}a;
void main()
{
    a.u.x=4;
    a.u.y=5;
    a.u.z=6;
    a.k=0;
    printf("%d\n",a.u.x);
}
```

    A. 4   B. 5   C. 6   D. 0

【答案】D。

【解释】按共用体和结构体的定义，a.k 与 a.u.x 处于同一存储位置上。

（10）以下关于枚举的叙述不正确的是（　　）。

    A. 枚举变量只能取对应枚举类型的枚举元素表中的元素

    B. 可以在定义枚举类型时对枚举元素进行初始化

    C. 枚举元素表中的元素有先后秩序，可以进行比较

    D. 枚举元素的值可以是整数或字符串

【答案】D。

【解释】枚举元素的值是整型，不过不能用一个整数对枚举变量直接赋值，所以选择 D。

2. 填空题

（1）以下程序中的变量 col 是（　　）类型的变量。

```c
enum color{black,blue,red,green,white}
enum colorcol;
```

【答案】枚举。

【解释】程序段中定义了枚举类型 color，再定义枚举类型变量。

（2）以下程序的运行结果是（　　）。

```c
#include<stdio.h>
typedef union
{
    long a[2];
    char b[8];
    int c[4];
}MYTYPE;
```

```
MYTYPE them;
void main()
{
    printf("%d\n",sizeof(them));
}
```

【答案】16。

【解释】程序定义共用体 MYTYPE，然后利用它说明共用体变量 them，在主函数中输出共用体 MYTYPE 占用的空间大小。VC++中 long 占用 4 字节，a[2]占 8 字节；char 占 1 字节，b[8]占 8 字节；int 占 4 字节，c[4]占 16 字节，所以整个共用体占用 16 字节。

（3）在 C 编译中，对枚举元素按常量处理，故称为枚举常量，不能对它们（　　　）。

【答案】赋值。

【解释】可以对枚举变量赋值，不能对枚举元素赋值。

（4）设已经定义 "union{chara;intb;}vu;"，在 VC 中存储 char 型数据需要 1 字节，存储 int 类型需要 4 字节，则存储变量 vu 需要个（　　　）字节。

【答案】4。

【解释】共用体类型的存储空间按其所占字节数最多的成员进行分配。

3. 编程题

（1）定义一个保存一个学生数据的结构变量，其中包括学号、姓名、性别、家庭住址及 3 门课的成绩，从键盘输入这些数据并显示出来。

【设计思想】

先按题目要求定义学生结构体，再在主函数中说明学生结构体变量，并输入相应的成员数据，再输出。

【参考答案】

```
#include "stdio.h"
struct student
{
    char num[10];
    char name[20];
    char sex[4];
    char address[20];
    float score[3];
};
void  main()
{
    struct student stu1;
    scanf("%s%s%s%s",stu1.num,stu1.name,stu1.sex,stu1.address);
    scanf("%f%f%f", &stu1.score[0],&stu1.score[1],&stu1.score[2]);
    printf("Num  Name  Sex  address Mathematics English Computer\n");
    printf("%s %s %s %s  %6.1f %6.1f %6.1f\n",stu1.num,stu1.name,stu1.sex,
    stu1.address,stu1.score[0],stu1.score[1],stu1.score[2]);
}
```

程序的运行结果如图 3.32 所示。

图 3.32

（2）定义一个结构体，有 3 个成员：姓名、基本工资、岗位工资。声明一个该结构的结构体数组。对其元素如图 3.33 所示进行初始化，然后打印每个人的姓名和工资总额。

姓名	基本工资	岗位工资
李红	945	1400
刘强	920	1450

图 3.33

【设计思想】

先按题目要求定义职工结构体，再在主函数中说明职工结构体变量和初始化，并计算和输出相应的数据。

【参考答案】

```
#include "stdio.h"
struct worker
{
    char name[10];
    int jb;
    int gw;
    int ze;
};
void main()
{
    struct worker  wk[2]={{"李红",945,1400},{"刘强",920,1450}};
    int i;
    for(i=0;i<2;i++)
        wk[i].ze=wk[i].jb+wk[i].gw;
    for(i=0;i<2;i++)
        printf("%s  %d \n", wk[i].name, wk[i].ze);
}
```

程序的运行结果如图 3.34 所示。

（3）在上题结构体定义的基础上，在主函数 main 中输入 5 个人的信息，然后输出应发的工资总额、工资数最大者和最小者信息。

图 3.34

【设计思想】

先按题目要求定义职工结构体，再在主函数中说明职工结构体变量，输入 5 个人的信息，并计算和输出相应的数据。

【参考答案】

```c
#include "stdio.h"
struct worker
{
    char name[10];
    int jb;
    int gw;
    int ze;
};
void main()
{
    struct worker  wk[5];
    int i,max,min,maxi,mini;
    for(i=0;i<5;i++)
    {
        scanf("%s",wk[i].name);
        scanf("%d%d",&wk[i].jb,&wk[i].gw);
        wk[i].ze= wk[i].jb+wk[i].gw;
    }
    max=min=wk[0].ze;  maxi=mini=0;
    for(i=1;i<5;i++)
    {
        if(wk[i].ze>max)
        {
            max=wk[i].ze;
            maxi=i;
        }
        if(wk[i].ze<min)
        {
            min=wk[i].ze;
            mini=i;
        }
    }
```

基础编程问题及解析

```
    printf("\n工资数最大的是：\n");
    printf("%s    %d    %d  %d",wk[maxi].name,    wk[maxi].jb,wk[maxi].gw,
wk[maxi].ze);
    printf("\n工资数最小的是：\n");
    printf("%s    %d    %d    %d",wk[mini].name,    wk[mini].jb,wk[mini].gw,
wk[mini].ze);
}
```

3.8 指　　针

1. 选择题

（1）已有定义 "intk=2; int *p1,*p2;" 且 p1 和 p2 均已指向变量 k，下面不能正确执行的赋值语句是（　　）。

　　A．k=*p1+*p2;　　　　B．p2=k;　　　　C．p1=p2;　　　　D．k=*p1*(*p2);

【答案】B。

【解释】p2 是指针变量，指向变量 k 即保存 k 的地址，k 是整型变量，值为 2，两个变量的内涵完全不同，指针变量必须赋予一个地址值。

（2）变量的指针，其含义是指该变量的（　　）。

　　A．值　　　　　　　　B．地址　　　　　C．名　　　　　　D．一个标志

【答案】B。

【解释】变量的指针即指向变量的指针，指针是地址。

（3）若有语句 "int*point,a=4;" 和 "point=&a;"，下面均代表地址的一组选项是（　　）。

　　A．a,point,*&a　　　　　　　　　　　　B．&*a,&a,*point

　　C．&point,*point,&a　　　　　　　　　　D．&a,&*point,point

【答案】D。

【解释】间接访问运算符 "*" 和取地址运算符 "&" 互为逆运算，同时出现时可以抵消，如*&a 和 a 等效。

（4）下面能正确进行字符串赋值操作的是（　　）。

　　A．chars[5]={"ABCDE"};　　　　　　　B．chars[5]={ 'A', 'B', 'C', 'D', 'E'};

　　C．char*s; s="ABCDE";　　　　　　　　D．char*s; scanf("%s",&s);

【答案】C。

【解释】A 定义会产生溢出；B 只定义了一个字符数组；D 中 s 已经是指针即地址了，这里取地址操作&使用错误。

（5）下面程序段的运行结果是（　　）。

```
#include<stdio.h>
void main()
{
    char a[]="language", *p;
    p=a;
    while(*p!='u')
```

```
        {
            printf("%c",*p-32);
            p++;
        }
    }
```

A. LANGUAGE　　　B. language　　　C. LANG　　　D. langUAGE

【答案】C。

【解释】程序中定义字符数组 a，并将其首地址赋值指针变量 p，接着通过循环语句将该数组的元素从头到尾逐一取出比较，如果不等于'u'，则转换为大写字母，否则停止循环。

（6）若有定义"inta[5],*p=a;"，则对 a 数组元素的正确引用是（　　）。

A. *&a[5]　　　B. a+2　　　C. *(p+5)　　　D. *(a+2)

【答案】C。

【解释】A 中 a[5]不是数组元素；B 是地址；C 越界；D 可以取得数组元素。

（7）以下程序的执行后输出结果是（　　）。

```
#include<stdio.h>
void main()
{
    int a[3][3],*p,i;
    p=&a[0][0];
    for(i=0;i<9;i++)
        p[i]=i;
    for(i=0;i<3;i++)
        printf("%d",a[1][i]);
}
```

A. 012　　　B. 123　　　C. 234　　　D. 345

【答案】D。

【解释】程序中定义 a 为二维数组，p 指向 a 的首元素，第一个循环为数组赋初值，然后输出二维数组第 1 行的元素。

（8）以下程序执行后的输出结果是（　　）。

```
#include<stdio.h>
#include<string.h>
void main()
{
    char s1[10],*s2="ab\0cdef";
    strcpy(s1,s2);
    printf("%s",s1);
}
```

A. ab\0cdef　　　B. abcdef　　　C. ab　　　D. 以上答案都不对

【答案】C。

【解释】程序将字符串 s2 复制给 s1，然后输出 s1，因为字符串中有结束符'\0'，表明字符串结束，所以输出 ab。

2. 填空题

（1）以下程序的运行结果是（　　）。

```
#include<stdio.h>
void sub(int x,int y,int *z)
{
    *z=y-x;
}
void main()
{
    int a,b,c;
    sub(10,5,&a);
    sub(7,a,&b);
    sub(a,b,&c);
    printf("%4d,%4d,%4d\n",a,b,c);
}
```

【答案】-5，　-12，　-7。

【解释】sub 函数将形参 x、y 相减赋值给 z，所以得到结果。

（2）以下程序的运行结果是（　　）。

```
#include<stdio.h>
int sub(int *s)
{
    static int t=0;
    t=*s+t;
    return t;
}
void main()
{
    int i,k;
    for(i=0;i<4;i++)
    {
        k=sub(&i);
        printf("%3d",k);
    }
    printf("\n");
}
```

【答案】 0　1　3　6。

【解释】程序定义 sub 函数，利用静态变量 t 实现对 s 所指向的变量求和。

（3）以下程序的运行结果是（　　）。

```
#include "stdio.h"
#include "string.h"
```

```
int *p;
void pp(int a,int *b)
{
    int c=4;
    *p=*b+c;
    a=*p-c;
    printf(" （2） %d %d %d\n",a,*b,*p);
}
void main()
{
    int a=1,b=2,c=3;
    p=&b;
    pp(a+c,&b);
    printf(" （1） %d %d %d\n",a,b,*p);
}
```

【答案】（2） 2 6 6✓ （1） 1 6 6✓。

【解释】略。

（4）下面程序的运行结果是（   ）。

```
#include<stdio.h>
void fun(char *p1,char *p2,int n)
{
    int i;
    for(i=0;i<n;i++)
        p2[i]=(p1[i]-'A'-3+26)%26+'A';
    p2[n]='\0';
}
void main()
{
    char *s1,s2[5];
    s1="ABCD";
    fun(s1,s2,4);
    puts(s2);
}
```

【答案】XYZA✓。

【解释】函数 fun 实现将字符数组元素从头到尾读并循环转换成其后 23 位字母。

3. 编程题

（1）利用函数和指针编写程序，将数组 a 中的最小数保存到 a[0]中，最大数保存到 a[9]中。假设整型数组 a 有 10 个元素。

【设计思想】

从数组中找出最大数和最小数并分别用指针 maxp 和 minp 指向，然后将 maxp 指向的元素与 a[0]元素对调，将 minp 指向的元素与 a[9]元素对调。

【参考答案】

```
#include<stdio.h>
void maxmin(int *p)
{
    int *maxp,*minp,i,tmp,*bp,*ep;
    maxp=minp=bp=p;
    ep=p+9;
    for(i=0;i<10;i++)
    {
        if(*maxp<*p)
            maxp=p;
        if(*minp<*p)
            minp=p;
    }
    tmp=*bp;
    *bp=*minp;
    *minp=tmp;
    tmp=*ep;
    *ep=*maxp;
    *maxp=tmp;
}
void main()
{
    int a[10]={10,9,8,7,6,5,4,3,2,1},i;
    maxmin(a);
    for(i=0;i<10;i++)
        printf("%d ",a[i]);
    printf("\n");
}
```

程序的运行结果如图 3.35 所示。

图 3.35

（2）利用函数和指针编写一个程序，在 main 函数中建立并输入一个 10 个元素的数组，在 SwapFive 函数中实现前 5 个元素和后 5 个元素之间的对调。

【设计思想】

设置两个指针 p1、p2，开始时 p1 指向数组首元素，p2 指向第 6 个元素，随后就同步取数进行交换，直到最后一个元素。

【参考答案】

```
#include<stdio.h>
void swapFive(int *p)
{
    int *p1,*p2,i,tmp;
    p1=p;
    p2=p+5;
    for(i=0;i<5;i++)
    {
        tmp=*p1;
        *p1=*p2;
        *p2=tmp;
        p1++;
        p2++;
    }
}
void main()
{
    int a[10]={1,2,3,4,5,6,7,8,9,10},i;
    swapFive(a);
    for(i=0;i<10;i++)
        printf("%d",a[i]);
}
```

程序的运行结果如图 3.36 所示。

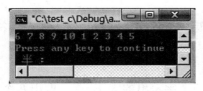

图 3.36

（3）利用函数和指针编写一个程序，在 main 函数中输入一个字符串，在 pcopy 函数中将此字符串从第 n 个字符开始到第 m 个字符为止的所有字符全部显示出来。

【设计思想】

主函数将数组采用地址传递给函数，在函数中定位要截取的字符串片段的起止位置，然后逐一输出字符。

【参考答案】

```
#include<stdio.h>
#include<string.h>
void pcopy(char *p,int n,int m)
{
    char *q=p+n-1;
    if(m>n)
    {
```

基础编程问题及解析

```
        while(q<=p+m-1)
        {
            printf("%c",*q);
            q++;
        }
        printf("\n");
    }
    else
        printf("起止位置不对");
}
void main()
{
    char a[]={"ABCDEFGHIJK"};
    if(strlen(a)>7)
        pcopy(a,3,7);
}
```

程序的运行结果如图 3.37 所示。

图 3.37

（4）利用函数和指针编写一个程序，从键盘输入 3 个字符串，并按由小到大的顺序显示出来。

【设计思想】

函数 mstrcmp 实现比较两个字符串的大小，逐一取出两个字符串的对应元素进行比较，获得比较结果。主函数中调用 mstrcmp 对 3 个字符串比较。

【参考答案】

```
#include<stdio.h>
#include<string.h>
int mstrcmp(char *str1, char *str2)
{   int i=0, b=0;
    while(str1[i]||str2[i])
    {   if(str1[i]>str2[i])
        {
            b=1;
            break;
        }
        else if(str1[i]<str2[i])
        {
            b=-1;
```

```
            break;
        }
        i++;
    }
    return b;
}
void main()
{
    char a[]={"ABC"},b[]={"ACB"},c[]={"CAB"};
    if(mstrcmp(a,b)==1)
        if(mstrcmp(b,c)==1)
            printf("%s,%s,%s\n",c,b,a);
        else if(mstrcmp(a,c)==1)
            printf("%s,%s,%s\n",b,c,a);
        else
            printf("%s,%s,%s\n",b,a,c);
    else
        if(mstrcmp(a,c)==1)
            printf("%s,%s,%s\n",c,a,b);
        else if(mstrcmp(b,c)==1)
            printf("%s,%s,%s\n",a,c,b);
        else
            printf("%s,%s,%s\n",a,b,c);
}
```

程序的运行结果如图 3.38 所示。

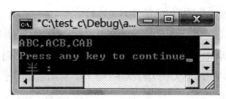

图 3.38

3.9 文　　件

1. 选择题

（1）系统的标准输入文件是指（　　）。

　　A. 键盘　　　　　B. 显示器　　　　　C. 软盘　　　　　D. 硬盘

【答案】A。

【解释】C 语言规定的标准输入文件是键盘，标准输出文件是显示器。

（2）若执行 fopen 函数时发生错误，则函数的返回值是（　　）。

　　A. 地址值　　　　B. 0　　　　　　　C. 1　　　　　　　D. EOF

基础编程问题及解析

【答案】B。

【解释】fopen 函数用于打开一个文件，准备对文件进行操作。

（3）若要用 fopen 函数打开一个新的二进制文件，该文件要既能读也能写，则文件方式字符串应是（　　）。

    A．"ab+"　　　　　　B．"wb+"　　　　　　C．"rb+"　　　　　　D．"ab"

【答案】B。

【解释】用 fopen 函数打开一个新的二进制文件，即建立一个新文件，然后读和写，而文件打开方式为"wb+"表示读/写打开或新建立一个二进制文件，允许读和写。所以选择 B。

（4）当顺利执行了文件关闭操作时，fclose 函数的返回值是（　　）。

    A．−1　　　　　　　B．TRUE　　　　　　C．0　　　　　　　D．1

【答案】C。

【解释】fclose 函数在文件正常关闭时返回 0。

（5）fgetc 函数的作用是从文件读入一个字符，该文件的打开方式必须是（　　）。

    A．只写　　　　　　　　　　　　　　B．追加

    C．读或读写　　　　　　　　　　　　D．答案 B 和 C 都正确

【答案】C。

【解释】fgetc 函数规定文件必须以读或读写方式打开。

（6）利用 fseek 函数可实现的操作是（　　）。

    A．改变文件的位置指针　　　　　　　B．文件的顺序读写

    C．文件的随机读写　　　　　　　　　D．以上答案均正确

【答案】A。

【解释】fseek 是 C 语言提供的定位函数，实现移动文件内部位置指针操作。

（7）标准库函数 fgets(s,n,f)的功能是（　　）。

    A．从文件 f 中读取长度为 n 的字符串，存入指针 s 所指的内存

    B．从文件 f 中读取长度不超过 n−1 的字符串，存入指针 s 所指的内存

    C．从文件 f 中读取 n 个字符串，存入指针 s 所指的内存

    D．从文件 f 中读取长度为 n−1 的字符串，存入指针 s 所指的内存

【答案】B。

【解释】该函数是读取一个长度不超过 n−1 的字符串存入到指定字符数组中，若指针 s 所指的内存为数组，则存入其中。

（8）若 fp 是指向某文件的指针，且已读到文件的末尾，则表达式 feof(fp)的返回值是（　　）。

    A．EOF　　　　　　B．−1　　　　　　C．非 0 值　　　　　D．NULL

【答案】C。

【解释】feof 函数判断文件指针是否已经到文件末尾，如果到文件末尾，则返回非 0 值，否则返回 0 值。

（9）main 函数的参数正确的说明形式是（　　）。

    A．main(int argc,char *argv)　　　　　　B．main(int abc,char **abv)

    C．main(int argc,char argv)　　　　　　D．main(int c,char v[])

【答案】B。

【解释】main 函数的参数正确的说明形式有 3 种：int main(int argc,char *argv[])、int main(int argc,char *[] argv)、int main(int argc,char ** argv)，其中 argc 代表参数的个数，包括程序名称。argv 是一个字符串数组，代表参数。

（10）使用语句 fp=fopen("d:\\pic.dat","ab+") 成功打开文件后，文件指针的位置在（　　）。

    A．文件头　　　　　　B．文件尾　　　　　C．不确定　　　　　　D．NULL

【答案】B。

【解释】文件打开方式"ab+"表明以读写方式打开一个二进制文件，允许读写，或在文件末尾追加数据，文件内部指针在文件末尾。

2. 填空题

（1）在 C 程序中，数据可以用＿＿＿＿＿＿两种代码形式存放。

【答案】文本文件或二进制文件。

【解释】在 C 程序中，从文件编码方式分，文件分为 ASCII 文件和二进制文件，即文件可以用文本文件和二进制文件形式存放。

（2）在 C 语言中，文件的存取是以字符为单位的，这种文件被称为＿＿＿＿＿＿文件。

【答案】流式。

【解释】文件按逻辑结构可分为两类：流式文件和记录式文件。流式文件是无结构的有序字符的集合，其长度为文件所包含的字符个数，因此也称为字符流文件；记录式文件的基本单位是记录，它是一组有序记录的集合。

（3）函数调用语句"fgets(buf,n,fp);"从 fp 指向的文件中读入＿＿＿＿＿＿个字符放到 buf 字符数组中。函数值为指针 buf。

【答案】一个字符串，最多由 n–1 个字符构成。

【解释】fgets 函数的功能是从 fp 指向的文件中读入一个字符串（最多 n–1 个字符）输入到以字符数组名为起始地址的存储空间内，若在未读到 n–1 个字符时就读到或遇到文件结束标志（'\n'），就结束本次读入。

（4）feof(fp)函数用来判断文件是否结束，如果遇到文件结束，函数值为＿＿＿＿＿＿。

【答案】非 0 值。

【解释】feof 函数判断文件指针是否已经到文件末尾，如果到文件末尾，返回非 0 值，否则返回 0 值。

（5）在对文件进行操作的过程中，若要求文件的位置回到文件的开头，应当调用函数。

【答案】rewind。

【解释】rewind 函数可以将文件指针重新设置在文件开始处，相当于执行函数 fseek(fp,0,0)。

（6）下面的程序由终端键盘输入字符，存放到文件中，用！结束输入。在横线上填入适当的内容。

```
#include<stdio.h>
```

```
void main()
{
    FILE *fp;
    char ch,fname[10];
    printf("Input name of file\n");
    gets(fname);
    if((fp=fopen(fname, "w"))==NULL)
    {
        printf("cannot open\n");
        exit(0);
    }
    printf("Enter data:\n");
    while(_____(1)_____!='! ')
        fputc(_____(2)_____);
    fclose(fp);
}
```

【答案】（1）ch=getchar()　　（2）ch,fp。

【解释】程序打开文件（文件名要求输入），然后通过 getchar 从键盘输入字符数据，再将字符由 fputs 函数保存到文件中，当输入的是"！"时结束循环，关闭打开的文件。

（7）下面程序把从终端读入的 10 个整数以二进制方式写到一个名为 bi.dat 的新文件中，填空完成程序。

```
#include<stdio.h>
FILE *fp;
void main()
{
    int i,j;
    if((fp=fopen(_____, "wb"))==NULL)
        exit(0);
    for(i=0;i<10;i++)
    {
        scanf("%d",&j);
        fwrite(&j,sizeof(int),1,);
    }
    fclose(fp);
}
```

【答案】bi.dat。

【解释】fopen 函数要求两个参数：文件名（如 bi.dat）和文件使用（打开）方式（如"wb"）。

（8）下列程序实现的功能是（　　　　）。

```
#include<stdio.h>
void  main()
{
    FILE *fp1;
```

```
    char str[100];
    if((fp1=fopen("file1.dat","r"))==NULL)
    {
    printf("cannot open file1\n");
        exit (1);
    }
    while(fgets(str,100,fp)!=NULL)
        printf("%s",str);
    fclose(fp);
}
```

【答案】循环读出文件 file1.dat 的数据，读出的字符串每次不多于 100 个字符。

【解释】略。

（9）下列程序实现的功能是（   ）。

```
#include<stdio.h>
main()
{
    FILE *fp;
    char ch;
    if((fp=fopen("e10_1.c","rb"))==NULL)
    {
        printf("Cannot open file strike any key exit!");
        exit (1);
    }
    ch=fgetc(fp);
    while (ch!=EOF)
    {
        putchar(ch);
        ch=fgetc(fp);
    }
    fclose(fp);
}
```

【答案】读出并显示 C 语言的源程序文件 e10_1.c 的内容。

【解释】程序先用 fopen 函数打开文件，然后开始循环逐字符读出文件内容，直到文件结束。

（10）下列程序实现的功能是（   ）。

```
#include "stdio.h"
char buff[512];
void main(int argc,char*argv[])
{
    FILE *fp1, *fp2;
    char ch;
    unsigned int bfsz=32768;
```

基础编程问题及解析

```
    int k=0;
    if((fp1=fopen(argv[1], "rb"))==0)
    {
        printf("cannot open file %s",argv[1]);
        exit(1);
    }
    if((fp2=fopen(argv[2], "wb"))==0)
    {
        printf("cannot open file %s",argv[2]);
        exit(1);
    }
    while(fread(buff,bfsz,1,fp1))
    {
        fwrite(buff,bfsz,1,fp2);
        k++;
    }
    fseek(fp1,512L*k,0);
    ch=fgetc(fp1);
    while(!feof(fp1))
    {
        fputc(ch,fp2);
        ch=fgetc(fp1);
    }
    fclose(fp1);
    fclose(fp2);
}
```

【答案】接收命令行输入的两个文件名，并复制文件。

【解释】略。

3. 编程题

（1）编写一个程序，从键盘输入 10 个整数，并存入 c:\tc\idata.dat 文件。

【设计思想】

首先，C 盘中已存在文件夹 C:\TC，程序创建文件并保存在此文件夹中，接下来循环计数将输入的 10 个整数写入文件。

【参考答案】

```
#include "stdio.h"
#include "stdlib.h"
void main()
{
    FILE *fp;
    int num,count;
    fp=fopen("c:\\tc\\idata.dat","w");   /*创建文件*/
    if(fp==NULL)
        exit(0);
```

```
    for(count=1;count<=10;count++)
    {
        scanf("%d",&num);                    /*键盘读入整数*/
        fprintf(fp,"%d ",num);               /*写入磁盘文件*/
    }
    fclose(fp);
}
```

程序的运行结果如图 3.39 所示。

图 3.39

（2）编写一个程序，用变量 count 统计文件中的字符个数，文件名从键盘读入。

【设计思想】略。

【参考答案】

```
#include "stdio.h"
#include "stdlib.h"
void main(int argc,char *argv[])
{
    FILE *fp;
    int count=0;
    if(argc<2)
    {
        printf("\n 命令格式错误！\n");
        exit(0);
    }
    fp=fopen(argv[1],"rt");
    if(fp!=NULL)
    {
        while(!feof(fp))
        {
            fgetc(fp);
            count++;
        }
        printf("\n字符总数为%d。\n",count);
```

基础编程问题及解析

```
        fclose(fp);
    }
    else
        printf("\n文件%s不能打开! \n",argv[1]);
}
```

（3）输入若干行字符，直到输入"#"结束，将输入的字符以文本文件方式保存在磁盘中，然后统计文件中字符的个数，并在屏幕上显示这些字符。

【设计思想】

创建的文件应可读可写，文件打开方式设为"wb+"。先通过循环读取键盘输入的字符写入文件；再将文件指针移到文件头部，然后逐个读取文件中的字符显示在屏幕上并统计字符个数。

【参考答案】

```
#include "stdio.h"
#include "stdlib.h"
void main()
{
    FILE *fp;
    int count=0;
    char ch;
    fp=fopen("data.txt","wb+");
    if(fp!=NULL)
    {
        while((ch=getchar())!='#')          /*直到输入字符#结束*/
            fputc(ch,fp);                    /*将字符写入文件*/
        printf("文件保存完毕,下列字符从文件中读出: \n");
        rewind(fp);                          /*文件指针移动到文件头部*/
        while(!feof(fp))
        {
            putchar(fgetc(fp));
            count++;
        }
        printf("\n字符数为 %d。\n",count);
        fclose(fp);
    }
    else
        printf("\n文件不能打开! \n");
}
```

程序的运行结果如图 3.40 所示。

图 3.40

（4）有两个磁盘文件 A.TXT 和 B.TXT，将 B.TXT 的内容追加到 A.TXT 末尾。

【设计思想】

将 B.TXT 的内容追加到 A.TXT 末尾，则文件 A.TXT 的打开方式设为"ab"，文件 B.TXT 的打开方式设为"rb"。将 B.TXT 文件的字符逐个读出并写入文件 A.TXT 即可。

【参考答案】

```c
#include "stdio.h"
#include "stdlib.h"
void main()
{
    FILE *fa,*fb;
    fa=fopen("a.txt","ab");
    fb=fopen("b.txt","rb");
    if(fa==NULL||fb==NULL)
    {
        printf("\n文件不能打开! \n");
        exit(0);
    }
    while(!feof(fb))
        fputc(fgetc(fb),fa);
    fclose(fa);
    fclose(fb);
}
```

第4章 综合编程问题及解析

4.1 综合编程问题描述

1. 神州行无月租费，话费每分钟 0.15 元；全球通用户包月话费 99 元，输入某人一个月的通话时间，判断两种付费方式用哪种划算。

2. 编程计算分段函数的函数值，函数 $f(x)$ 定义为：

$$f(x) \begin{cases} \dfrac{1}{x}, & x < 0 \\ 0, & x = 0 \\ \ln x, & x > 0 \end{cases}$$

程序运行中输入自变量为 0，程序结束。

3. 为小朋友编写一个乘积练习程序，用程序判断输入的乘积是否正确，如果不正确，则程序输出正确的结果，输入 0 程序结束。

4. 编程输入的温度值，如果温度在 0℃ 以下，程序输出提示"注意防寒！"；如果温度在 30℃ 及以上，程序输出"注意防暑降温！"；其他情况，程序输出"气温正常！"。

5. 编程计算 1+(2+2)+(3+3+3)+(4+4+4+4)+…+(10+10+…+10) 的值。

6. 编程输入 10 个学生的身高，找出其中最高者的身高。

7. 编程输出所有绝对值在 100 以内，能被 5 整除的整数。

8. 编程统计 6 名学生中符合助学金发放标准的学生人数（标准是考试平均分成绩 60 以上，家庭收入低于每月 1500 元，数据可以设为固定值）。

9. 计算机科学某班级 5 人的 3 门课程成绩如下：数据结构（82，73，65，85，90）；英语精读（70，60，81，99，63）；Java 程序设计（56，60，72，83，92）；编程计算并输出每个学生的 3 门课的总分和平均分，以及 5 个人中最高的总分。

10. 编写一个检查 5 个人每个人某月花销超限的程序，程序可以通过输入来设置超限额度，执行程序输出该月花销超限的人数（例如他们当月的开销分别为 1200、3500、7530、2000、4600，超限额度是 2000，输出的结果是 3）。

11. 某公司 14 天中每天的用电量（度/天）为：50.35，60.20，70.67，65.00，42.5，5.0，5.5，80.5，90.2，60.0，79.5，95.0，8.0，8.2。编写一个程序，统计这 14 天中任意两天之间（如第 3~7 天）公司的用电总量。

12. 编写一个打折函数，功能是计算购买商品的折扣后金额，要求折扣率可以输入。

然后用主函数调用打折函数，输入购买的 3 件商品的价格和相应的折扣率，输出需要交多少钱。

13. 编写一个与 strlen 函数功能一样的函数（测试字符串长度函数），用其测试任意输入的字符串的长度，并输出结果。

14. 编写函数，计算数组中小于 0 的元素个数，然后用主函数调用之，验证其正确性。

15. 请实现求 2 的 4 次方的程序。

16. 编程统计 1，5，6，7，9，12，15，6，3 中有几个可以被 3 整除的数。

17. 编程求 1，−5，6，7，−9，−12，−15，6，3 的绝对值。

18. 编写程序实现"查表"功能，即如果若干个数据存放在一个数组 data 中，该程序对输入的任意一个数，查找数组 data 中是否有与这个数相等的数。若有，则输出该数在 data 中的位置，否则输出"没有找到数据！"。

19. 编程计算平面上两点间的距离，要求程序可以输入两点的坐标，然后输出计算结果。提示：设两个点的坐标为 A(x1,y1)、B(x2,y2),则两点的距离为 sqrt((x2−x1)^2+(y2−y1)^2)。

20. 某学生在学校小超市购买了价格为 p1 和 p2 的两种商品，数量分别为 n1 和 n2 件，编程计算学生该付多少钱。

21. 编写函数 f(int d,int a[],int n)，实现将 d 按顺序插入到数组 a 中，a 中已有 n 个从小到大排列的元素。

22. 随机产生一个 3 位正整数，然后逆序输出，产生的数与逆序数同时显示。例如，产生 345，输出是 543。

23. 编程验证函数极限 $\lim_{x \to 0} \dfrac{1-\cos x}{x^2} = \dfrac{1}{2}$，验证方法：让 $x = \dfrac{\pi}{2}$，$x = \dfrac{\pi}{3}$，……，随着 x 的减小，比值越来越近于 1。

24. 编程用极限 $\lim_{n \to \infty} \left(1 + \dfrac{1}{n}\right)^n$ 计算 e 值。方法是让 $x=1$，$x=2$，……，随着 x 的增大，比值越来越近于 e。

25. 用极限 $\lim_{n \to \infty} \left(1 + \dfrac{1}{n} + \dfrac{9}{n^2}\right)^n$，计算 e 值。方法是让 $x=1$，$x=2$，……，随着 x 的增大，比值越来越近于 e。

26. 编程验证级数 $1 + \dfrac{1}{3} + \dfrac{1}{3^2} + \cdots + \dfrac{1}{3^n} + \cdots = \dfrac{1}{1 - \dfrac{1}{3}}$。

27. 编程计算圆周率 π。采用计算内接正多边形面积和周长的方法。

28. 用 1、2、3、4 个数字，能组成多少个互不相同且无重复数字的 3 位数？都是些什么数？

29. 定义一个含有 30 个整型数的数组，按顺序分别赋予从 2 开始的偶数，然后按顺序每 5 个数求出一个平均值，放在另一个数组中并输出，试编程。

30. 设计函数原型，模仿 VB 中的 Left(str,n)和 Right(str,n)函数，取出一个指定字符串 str 中左边的 n 个字符和取字符串 str 右边的 n 个字符。

4.2　综合编程问题解析

1. 参考程序

```c
#include "stdio.h"
void main()
{
    float t,sm;
    printf("请输入通话时长：");
    scanf("%f",&t);
        sm=0.15*t;
    if(sm>99)
        printf("全球通划算\n");
    else
        printf("神州行划算\n");
}
```

程序的运行结果如图 4.1 所示。

图 4.1

2. 参考程序

```c
#include "stdio.h"
#include "stdlib.h"
#include "time.h"
void main()
{
    int a,b,m;
    srand(time(NULL));
    printf("乘法练习（输入0结束）\n");
    do
    {
        a=1+rand()%99;
        b=1+rand()%99;
        printf("%d*%d=",a,b);
        scanf("%d",&m);
        if(m)
        {
```

```
        if(a*b==m)
            printf("回答正确\n");
        else
            printf("不正确，应该是%d*%d=%d\n",a,b,a*b);
        }
    }while(m);
    printf("程序结束\n");
}
```

程序的运行结果如图 4.2 所示。

图 4.2

3. 参考程序

```
#include "stdio.h"
#include "stdlib.h"
#include "time.h"
void main()
{
    int a,b,m;
    srand(time(NULL));
    printf("乘法练习（输入0结束）\n");
    do
    {
        a=1+rand()/99;
        b=1+rand()/99;
        printf("%d*%d=",a,b);
        scanf("%d",&m);
        if(m)
        {
            if(a*b==m)
                printf("回答正确\n");
            else
                printf("不正确，应该是%d*%d=%d\n",a,b,a*b);
        }
    }while(m);
    printf("程序结束\n");
}
```

程序的运行结果如图 4.3 所示。

图 4.3

4. 参考程序

```c
#include "stdio.h"
void main()
{
    float tp;
    printf("输入温度>");
    scanf("%f",&tp);
    if(tp<0)
        printf("注意防寒! \n");
    else if(tp>=30)
        printf("注意防暑降温! \n");
    else
        printf("气温正常! \n");
}
```

程序的运行结果如图 4.4 所示。

图 4.4

5. 参考程序

```c
#include "stdio.h"
void main()
{
    int i,sum;
    sum=0;
    for(i=1;i<=10;i++)
        sum=sum+i*i;
    printf("sum=%d\n",sum);
}
```

程序的运行结果如图 4.5 所示。

图 4.5

6. 参考程序

```
#include "stdio.h"
void main()
{
    int i=1;
    float h,max=0;
    do
    {
        scanf("%f",&h);
        if(h>0&&h<2.5&&h>max)
            max=h;
    }while(i++<10);
    printf("最高%6.1f\n",max);
}
```

7. 参考程序

```
#include "stdio.h"
void main()
{
    int i;
    for(i=-95;i<=95;i++)
        if(i!=0 && i%5==0)
            printf("%d\n",i);
}
```

8. 参考程序

```
#include "stdio.h"
void main()
{
    int grade[]={60,66,72,54,78,93},income[]={2000,1300,1500,1000,1200,
    3500},n=0;
    for(int i=0;i<6;i++)
        if(income[i]<1500 && grade[i]>=60)
            n++;
    printf("%d\n",n);
}
```

171

第
4
章

9. 参考程序

```c
#include<stdio.h>
void main()
{
    int score[3][5]={{82,73,65,85,90},{70,60,81,99,63},{56,60,72,83,92}};
    int n,max=score[0][0]+score[1][0]+score[2][0],tmp;
    for(n=0;n<=4;n++)
    {
        tmp=score[0][n]+score[1][n]+score[2][n];
        printf("total:%d,average:%d\n",tmp,tmp/3);
        if(max<tmp)
            max=tmp;
    }
    printf("max:%d\n",max);
}
```

程序的运行结果如图 4.6 所示。

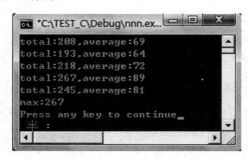

图 4.6

10. 参考程序

```c
#include<stdio.h>
void main()
{
    float sL,m_s[100]={1200,3500,7530,2000,4600};
    int i,n=0;
    printf("输入消费超限预警额度:");
    scanf("%f",&sL);
    for(i=0;i<5;i++)
    {
        if(m_s[i]>=sL)
            n++;
    }
    printf("消费超限人数：%d\n",n);
}
```

程序的运行结果如图 4.7 所示。

图 4.7

11. 参考程序

```c
#include "stdio.h"
main()
{
    float e[14]={50.35,60.20,70.67,65.00,42.5,5.0,5.5,80.5,90.2,60.0,79.5,
    95.0,8.0,8.2},sum=0;
    int n,m;
    printf("输入统计的起止时间：");
    scanf("%d%d",&n,&m);
    if(n>0 && n<=14 && n<=m)
    {
        for(int i=n-1;i<=m-1;i++)
            sum+=e[i];
    }
    printf("%6.2f\n",sum);
}
```

12. 参考程序

```c
#include "stdio.h"
float discount(float price,float d);
void main()
{
    float p1,p2,p3,d1,d2,d3,total=0,tmp;
    scanf("%f%f%f%f%f%f",&p1,&p2,&p3,&d1,&d2,&d3);
    if((tmp=discount(p1,d1))>0)
        total+=tmp;
    if((tmp=discount(p2,d2))>0)
        total+=tmp;
    if((tmp=discount(p3,d3))>0)
        total+=tmp;
    printf("%6.2f\n",total);
}
float discount(float price,float d)
{
    if(price<=0&&d>0&&d<=1)
    {
        printf("数据非法!\n");
        return -1;
```

第

4

章

综合编程问题及解析

```
    }
    else
        return (float)(price*d);
}
```

13. 参考程序

```
#include<stdio.h>
#include<string.h>
int mystrlen(char str[])
{
    int n=0;
    while(str[n++]!='\0');
    return --n;
}
main()
{
    char a[]="AAAAA";
    printf("%d\n",mystrlen(a));
}
```

14. 参考程序

```
#include "stdio.h"
int count(int a[],int n)
{
    int i,ct=0;
    for(i=0;i<n;i++)
        if(a[i]<0)
            ct++;
    return ct;
}
void main()
{
    int x[]={1,2,-1,-4,5,0,-10};
    printf("%d\n",count(x,7));
}
```

15. 参考程序

```
#include "stdio.h"
main()
{
    long x=2;
    for(int i=1;i<=4;i++)
        x=x*2;
    printf("%d\n",x);
}
```

16. 参考程序

```c
#include "stdio.h"
main()
{
    int a[]={1,5,6,7,9,12,15,6,3,9},n=0;
    for(int i=0;i<10;i++)
        if(!(a[i]%3))
            n++;
    printf("%d\n",n);
}
```

17. 参考程序

```c
#include "stdio.h"
main()
{
    int a[]={1,-5,6,7,-9,-12,-15,6,3};
    for(int i=0;i<9;i++)
        if(a[i]>0)
            printf("%d\n",a[i]);
    else
        printf("%d\n",-a[i]);
}
```

18. 参考程序

```c
#include "stdio.h"
main()
{   int data[]={1,2,4,5,6,7,8,9};
    int k,i;
    int flag=0;
    printf("请输入要查找的数字:");
    scanf("%d",&k);
    for(i=0;i<8;i++)
    {   if(data[i]==k)
        printf("找到数据，位置为%d\n",i);
        flag=1;
        break;
    }
    if(flag==0)
    printf("没有找到数据！");
}
```

19. 参考程序

```c
#include "stdio.h"
#include "math.h"
void main()
{
    float x1,y1,x2,y2,d;
```

```
    scanf("%f%f%f%f",&x1,&y1,&x2,&y2);
    d=sqrt((x2-x1)*(x2-x1)+(y2-y1)*(y2-y1));
    printf("%6.2f\n",d);
}
```

20. 参考程序

```
#include "stdio.h"
void main()
{
    float p1,p2,total;
    int n1,n2;
    scanf("%f%d%f%d",&p1,&n1,&p2,&n2);
    total=p1*n1+p2*n2;
    printf("%6.2f\n",total);
}
```

21. 参考程序

```
void f(int d,int a[],int n)
{
    for(int i=n-1;i>=0&&d<a[i];i--)
    a[i+1]=a[i];
    a[i+1]=d;
}
```

22. 参考程序

```
#include "stdio.h"
#include "stdlib.h"
#include "time.h"
void main()
{
    int n,m,n100,n10,n1;
    srand(time(NULL));
    n=100+rand()/999;
    n100=n/100;
    n10=(n-n100*100)/10;
    n1=(n-n100*100)-n10*10;
    m=n1*100+n10*10+n100;
    printf("原3位数为：%d,其逆序数为：%d\n",n,m);
}
```

程序的运行结果如图 4.8 所示。

图 4.8

23. 参考程序

```c
#include<stdio.h>
#include<math.h>
#define PI 3.14159265
void main()
{
    int i=2;
    double s;
    do
    {
        s=(1.0-cos(PI/i))/((PI/i)*(PI/i));
        printf("%f\n",s);
        i++;
    }while(i<=100);
}
```

程序的运行结果如图4.9所示。

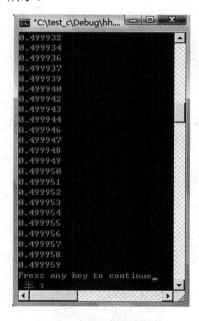

图 4.9

24. 参考程序

```c
#include<stdio.h>
#include<math.h>
void main()
{
    int i=1;
    double s;
```

综合编程问题及解析

```
    do
    {
        s=1.0+1.0/i;
        printf("%d %f\n",i,pow(s,i));
        i++;
    }while(i<=10);
    printf("\n");
    i=100;
    do
    {
        s=1.0+1.0/i;
        printf("%d %f\n",i,pow(s,i));
        i++;
    }while(i<=110);
    printf("\n");
    i=10000;
    do
    {
        s=1.0+1.0/i;
        printf("%d %f\n",i,pow(s,i));
        i++;
    }while(i<=10010);
}
```

程序的运行结果如图 4.10 所示。

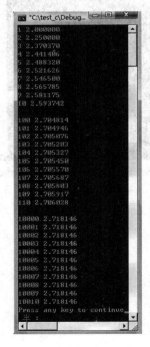

图 4.10

25. 参考程序

```c
#include<stdio.h>
#include<math.h>
void main()
{
    int i=1;
    double s;
    do
    {
        s=1.0+1.0/i+0.4/(i*i);    //误差参数θ取0.4
        printf("%d %f\n",i,pow(s,i));
        i++;
    }while(i<=10);
    printf("\n");
    i=100;
    do
    {
        s=1.0+1.0/i+0.4/(i*i);    //误差参数θ取0.4
        printf("%d %f\n",i,pow(s,i));
        i++;
    }while(i<=110);
    printf("\n");
    i=10000;
    do
    {
        s=1.0+1.0/i+0.4/(i*i);    //误差参数θ取0.4
        printf("%d %f\n",i,pow(s,i));
        i++;
    }while(i<=10010);
}
```

程序的运行结果如图 4.11 所示。

图 4.11

综合编程问题及解析

可以看到，这个极限比上一个收敛更快。

26. 参考程序

```c
#include<stdio.h>
#include<math.h>
void main()
{
    int i,n=1;
    double p,s1=1;
    for(i=0;i<20;i++)
    {
        n*=3;
        p=1.0/n;
        s1+=p;
        printf("%f  %f\n",1.0/(1-1.0/3),s1);
    }
}
```

程序的运行结果如图 4.12 所示。

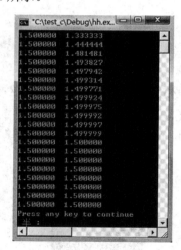

图 4.12

由程序运行结果可以看出，收敛于结果。

27. 参考程序

```c
#include<stdio.h>
#include<math.h>
void main()
{
    double s,l,pi=3.14159265,r=1.0;
    int i;
    for(i=3;i<=1000;i++)
    {
```

```
        s=0.5*i*r*r*sin(2.0*pi/i);
        l=2.0*i*r*sin(2.0*pi/i/2.0);
        printf("i=%d,l=%.11f,s=%.11f\n",i,l,s);
    }
}
```

程序的运行结果如图 4.13 所示。

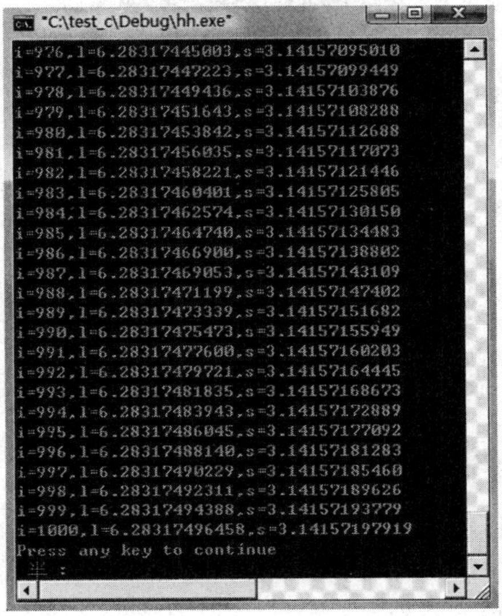

图 4.13

28. 参考程序

可填在百位、十位、个位的数字都是 1、2、3、4。组成所有的排列后再去掉不满足条件的排列。

```
#include "stdio.h"
#include "conio.h"
void main()
{
    int i,j,k;
    for(i=1;i<5;i++)
        for(j=1;j<5;j++)
            for (k=1;k<5;k++)
            {
                if(i!=k && i!=j && j!=k)      //i、j、k三位互不相同
                    printf("%d,%d,%d\n",i,j,k);
            }
}
```

程序的运行结果如图 4.14 所示。

综合编程问题及解析

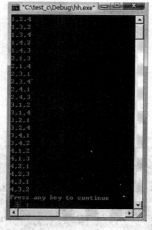

图 4.14

29. 参考程序

```c
#include "stdio.h"
void main()
{
    int i,j=0,n=0,a[30],s=0;
    float b[6];
    for(i=0;i<30;i++)
    {
        a[i]=2*(i+1);
        if((i+1)%5!=0)
            s+=a[i];
        else
        {
            s+=a[i];
            b[j]=(float)s/5;
            j++;
            s=0;
        }
    }
    for(i=0;i<30;i++)
        printf("%d ",a[i]);
    printf("\n");
    for(i=0;i<j;i++)
        printf("%.2f ",b[i]);
    printf("\n");
}
```

程序的运行结果如图 4.15 所示。

图 4.15

30. 参考程序

```c
#include<stdio.h>
#include<string.h>
//从一个指定字符串中取出左边n个字符（不包括结束符）
char *strleft(char str[],int n)
{
    char *p=str;
    int l=strlen(p);
    if(l>n)
        *(p+n)='\0';
    return p;
}
//从一个指定字符串中取出右边n个字符（不包括结束符）
char *strright(char str[],int n)
{
    char *p=str;
    int l=strlen(p);
    if(l>n)
    {
        p=p+l-n;
    }
    return p;
}
void main()
{
    char a[20],b[20],*p=b;
    int n;

    printf("输入字符串>");
    gets(a);
    strcpy(b,a);
    printf("要取左边几个字符?");
    fflush(stdin);
    scanf("%d",&n);
    puts(b);
    p=strleft(b,n);          //取出左边n个字符
    puts(p);

    strcpy(b,a);
    printf("要取右边几个字符?");
    fflush(stdin);
    scanf("%d",&n);
    puts(b);
    p=strright(b,n);         //取出右边n个字符
```

```
    puts(p);
}
```

程序的运行结果如图 4.16 所示。

图 4.16

第5章 全国计算机二级 C 语言等级考试及学科竞赛真题及解析

1. 编写一个程序，让它有以下功能：从键盘上输入一个 2 位整数，对此整数中的 2 个数位的数值从大到小排序，形成一个新的 2 位数，再输出这个整数,如：输入 25，输出 52。

参考答案：

```c
#include "stdio.h"
main()
{
    int x,p,q;
    scanf("%d",&x);
    p=x/10;
    q=x-p*10;
    if(p>q)
        printf("%d\n",p*10+q);
    else
        printf("%d\n",q*10+p);

}
```

程序的运行结果如图 5.1 所示。

图 5.1

2. 找出数据 1，3，4，5，7，6，9 中和为 10 的所有数据对，如 1+9=10、3+7=10、4+6=10，要求输出格式为：<1，9><3，7><4,6>…

参考答案：

```c
#include "stdio.h"
main()
{
    int i,j,a[]={1,3,4,5,7,6,9};
    for(i=0;i<7;i++)
```

```
    {
        for(j=i+1;j<7;j++)
        {
            if(a[i]+a[j]==10)
                printf("<%d,%d>",a[i],a[j]);
        }
    }
    printf("\n");
}
```

程序的运行结果如图 5.2 所示。

图 5.2

3．编写一个对整型数组成员进行循环右移 1 位的函数，并在主函数中调用该函数实现数组的 2 次右移，如移位前：{1，2，3，4，5，6}，移位后：{5，6，1，2，3，4}。

参考答案：

```
#include "stdio.h"
void move(int *p,int n)
{
    int x;
    p=p+n-1;
    x=*p;
    for(int i=n-2;i>=0;i--)
    {
        *p=*(p-1);
        p--;
    }
    *p=x;
}
void main()
{
    int a[]={1,2,3,4,5,6};
    move(a,6);
    move(a,6);
    for(int i=0;i<6;i++)
        printf("%d",a[i]);
}
```

程序的运行结果如图 5.3 所示。

图 5.3

4. 编写程序，输入一个字符串（少于 80 个字符），在原字符数组中，删除所有的非英文字母后，组成新的字符串输出。如输入"8a2Wer#qQSd"，则输出"aWerqQSd"。

参考答案：

```c
#include<stdio.h>
#include<string.h>
void main(void)
{
    char c,str[81];
    int len,i,j;
    printf("请输入一个字符串：");
    gets(str);
    len=strlen(str);
    for(i=0;str[i]!='\0';i++)
    {
        c=str[i];
        if((c>='a'&&c<='z')||(c>='A'&&c<='Z'))
            continue;
        else
        {
            for(j=i;j<len;j++)
                str[j]=str[j+1];
            i--;
        }
    }
    printf("删除非英文字符后的新字符串为：");
    puts(str);
}
```

程序的运行结果如图 5.4 所示。

图 5.4

5. 输入 10 个数值不同的整数，将其中最小的数与第一个数对换，把最大的数与最后一个数对换。

参考答案：

```c
#include "stdio.h"
void main()
{
    int i,a[10],maxp=0,minp=0,tmp;
    printf("输入10个数值不同的整数\n");
    scanf("%d",&a[0]);
    a[maxp]=a[minp]=a[0];
    for(i=1;i<10;i++)
    {
        scanf("%d",&a[i]);
        if(a[i]>a[maxp])
            maxp=i;
        if(a[i]<a[minp])
            minp=i;
    }
    tmp=a[maxp];
    a[maxp]=a[9];
    a[9]=tmp;
    tmp=a[minp];
    a[minp]=a[0];
    a[0]=tmp;
    for(i=0;i<10;i++)
        printf("%d ",a[i]);
    printf("\n");
}
```

程序的运行结果如图 5.5 所示。

图 5.5

6. 将以下数据 1.0，10，3.0，30，5.0，50，7.0，70，9.0，90 的相邻元素进行交换，使其变成为 10，1.0，30，3.0，50，5.0，70，7.0，90，9.0 并输出。

参考答案：

```c
#include "stdio.h"
void main()
{
    float a[10]={1.0,10,3.0,30,5.0,50,7.0,70,9.0,90},tmp;
```

```
    int i=0;
    while(i<10)
    {
        tmp=a[i];
        a[i]=a[i+1];
        a[i+1]=tmp;
        i+=2;
    }
    for(i=0;i<10;i++)
        printf("%4.1f  ",a[i]);
    printf("\n");
}
```

程序的运行结果如图 5.6 所示。

图 5.6

7. 编写程序实现字符串到整型数的转换函数，函数定义为 "int atoi(char *nptr)   //*nptr
为待转换的字符串"。提示：atoi()函数会扫描参数 nptr 字符串，跳过前面的空白字符（例
如空格、Tab 缩进等，可以通过 isspace()函数来检测），直到遇上数字或正负符号才开始做
转换，而再遇到非数字或字符串结束时('\0')才结束转换，并将结果返回。如果 nptr 不能转
换成 int 或者 nptr 为空字符串，那么将返回 0。实现 atoi()函数时，要注意以下 5 点：

（1）字符串之前的空白；

（2）正负号；

（3）字符串为空；

（4）被转换的数字过于大（正溢出、负溢出）；

（5）其他，无法转换的情况（如全是字母等情况）。

参考答案：

```
#include<stdio.h>
#include<ctype.h>
#include<stdlib.h>
#define MAX 20
long matoi(char *nptr)         //*nptr为待转换的字符串
{
    long ret=0;
    int symbol=1,flag=0;
    if(*nptr=='\0')            //判断字符串空字符
        return 0;
```

第
5
章

```
        while(isspace(*nptr))      //去掉空格、制表符
            nptr++;
        if(*nptr=='-')             //符号位判断
        {
            symbol=-1;
            nptr++;
        }
        else if(*nptr=='+')
            nptr++;
        while(1)      //开始转换数字位
        {
            if((*nptr>='0')&&(*nptr<='9'))
                ret=ret*10+*nptr-'0';
            else if(*nptr=='\0')
                break;
            else
            {
                flag=1;                  //遇到非法字符
                break;
            }
            nptr++;
        }
        ret*=symbol;                 //设置符号位
        //检测溢出
        //int 0111 1111 1111 1111 1111 1111 1111 1111 正溢出
        //     7    f    f    f    f    f    f    f
        //    1000 0000 0000 0000 0000 0000 0000 0000 负溢出
        //     8    0    0    0    0    0    0    0
        if(((ret>0x7fffffff)&&(1==symbol))||(ret<(signed
int)0x80000000)&&(-1==symbol))
        {
            flag = 1;
            return 0;
        }
        //ret合法
        return ret;
}
void main()
{
    char a[MAX];
    gets(a);
    printf("%d\n",matoi(a));
}
```

程序的运行结果如图 5.7 所示。

图 5.7

8. 一个整数，加 100 后是一个完全平方数，再加 168 又是一个完全平方数，请问该数是多少？提示：可以对大于 1 小于 10 万的整数进行逐一判断，看是否为题目要求的完全平方数。将该范围内的整数 i（1<i<100000）加 100，然后开方得 x，再将 i 加 268 后再开方得 y，如果 x 的平方等于 i+100，同时 y 的平方等于 i+268，则整数 i 就是要求的结果。

参考答案：

```c
#include "stdio.h"
#include "math.h"
void main()
{
    long int i,x,y;
    for (i=1;i<100000;i++)
    {
        x=(long)sqrt(i+100);        //x为加上100后开方后的结果
        y=(long)sqrt(i+268);        //y为再加上168后开方后的结果
        //如果一个数的平方根的平方等于该数，则说明此数是完全平方数
        if(x*x==i+100&&y*y==i+268)
            printf("%ld\n",i);
    }
}
```

程序的运行结果如图 5.8 所示。

图 5.8

9. 程序执行时输入某年某月某日，计算这一天是，这一年的第几天。提示：以 5 月 9 日为例，应该先把前 4 个月的加起来，然后再加上 9 天即得到本年的第几天，如果遇到闰年且输入月份大于 3 时需考虑多加一天。

参考答案：

```c
#include "stdio.h"
void main()
{
```

```
int day,month,year,leap,sum=0;
int days[12]={0,31,59,90,120,151,181,212,243,273,304,334};
printf("输入要算的年、月、日（如：2017.2.3）\n");
scanf("%d.%d.%d",&year,&month,&day);
//采用查表的方法，获得某月以前月份的总天数
if(month>=1&&month<=12)
    sum=days[month-1];
else
    printf("月份错误\n");
sum=sum+day;                                    //加上某天的天数
if(year%400==0||(year%4==0&&year%100!=0))       //判断是不是闰年
    leap=1;
else
    leap=0;
if(leap==1&&month>2)         //如果是闰年且月份大于2，总天数应该加一天
    sum++;
printf("这天是第%d天\n",sum);
}
```

程序的运行结果如图 5.9 所示。

图 5.9

10. 程序运行时输入两个正整数 m 和 n，计算它们的最大公约数和最小公倍数。提示：利用辗除法实现。

参考答案：

```
#include "stdio.h"
void main()
{
    int a,b,num1,num2,temp;
    printf("请输入2个正整数:\n");
    scanf("%d%d",&num1,&num2);
    if(num1<num2)              /*交换两个数，使大数放在num1上*/
    {
        temp=num1;
        num1=num2;
        num2=temp;
    }
    a=num1;
    b=num2;
```

```
        while(b!=0)              /*利用辗除法，直到b为0为止*/
        {
            temp=a%b;
            a=b;
            b=temp;
        }
        printf("最大公约数:%d\n",a);
        printf("最小公倍数:%d\n",num1*num2/a);
}
```

程序的运行结果如图 5.10 所示。

图 5.10

11. 两个乒乓球队进行比赛，各出 3 人。甲队为 a、b、c3 人，乙队为 x、y、z3 人。已抽签决定比赛名单。有人向队员打听比赛的名单。a 说他不和 x 比，c 说他不和 x、z 比，请编程序找出 3 队赛手的名单。

参考答案：

```
#include "stdio.h"
void main()
{
    char i,j,k;    //i是a的对手，j是b的对手，k是c的对手
    for(i='x';i<='z';i++)
        for(j='x';j<='z';j++)
        {
            if(i!=j)
                for(k='x';k<='z';k++)
                {
                    if(i!=k&&j!=k)
                    {
                        if(i!='x'&&k!='x'&&k!='z')
                            printf("order is a-%c,b-%c,c-%c\n",i,j,k);
                    }
                }
        }
}
```

程序的运行结果如图 5.11 所示。

图 5.11

12. 给一个不多于 5 位的正整数，要求：第一，求它是几位数；第二，逆序打印出各位数字。

参考答案：

```c
#include "stdio.h"
void main()
{
    long a,b,c,d,e,x;
    scanf("%ld",&x);
    a=x/10000;              /*分解出万位*/
    b=x%10000/1000;         /*分解出千位*/
    c=x%1000/100;           /*分解出百位*/
    d=x%100/10;             /*分解出十位*/
    e=x%10;                 /*分解出个位*/
    if(a!=0)
        printf("there are 5, %ld %ld %ld %ld %ld\n",e,d,c,b,a);
    else if(b!=0)
        printf("there are 4, %ld %ld %ld %ld\n",e,d,c,b);
    else if(c!=0)
        printf(" there are 3,%ld %ld %ld\n",e,d,c);
    else if(d!=0)
        printf("there are 2, %ld %ld\n",e,d);
    else if(e!=0)
        printf(" there are 1,%ld\n",e);
}
```

程序的运行结果如图 5.12 所示。

图 5.12

13. 一个 5 位数，判断它是不是回文数。如 12321 是回文数，个位与万位相同，十位与千位相同。

参考答案：

```c
#include "stdio.h"
void main()
{
    long ge,shi,qian,wan,x;
    scanf("%ld",&x);
    wan=x/10000;
    qian=x%10000/1000;
    shi=x%100/10;
    ge=x%10;
    if(ge==wan&&shi==qian)          /*个位等于万位并且十位等于千位*/
        printf("这个数是回文数\n");
    else
        printf("这个数是回文数\n");
}
```

程序的运行结果如图 5.13 所示。

图 5.13

14. 将一个数组逆序输出。

参考答案：

```c
#include "stdio.h"
#define N 10
void main()
{
    int a[N]={1,2,3,4,5,6,7,8,9,10},i,temp;
    printf("数组原序:\n");
    for(i=0;i<N;i++)
        printf("%4d",a[i]);
    printf("\n");
    for(i=0;i<N/2;i++)
    {
        temp=a[i];
        a[i]=a[N-i-1];
        a[N-i-1]=temp;
    }
    printf("数组逆序:\n");
    for(i=0;i<N;i++)
        printf("%4d",a[i]);
    printf("\n");
```

```
}
```

程序的运行结果如图 5.14 所示。

图 5.14

15. 请编写一个函数 fun(int bb[],int *n, int y)，其中 n 所指存储单元中存放了数组中元素的个数。函数的功能是：删除所有值为 y 的元素。已在主函数中给数组元素赋值，y 的值由主函数通过键盘读入。

参考答案：

```c
#include<stdio.h>
#define M 20
void fun(int bb[],int *n,int y)
{
    int i=0,t=0;
    while(i<*n)
    {
        if(bb[i]!=y)
        {
            i++;
            t++;
        }
        else
        {
            i++;
        }
        bb[t]=bb[i];
    }
    *n=t;
}
void main()
{
    int aa[M]={1,2,3,3,2,1,1,2,3,4,5,4,3,2,1},n=15,y,k;
    printf("The original data is: \n");
    for(k=0;k<n;k++)
        printf("%d ",aa[k]);
    printf("\nEnter a number to deleted:");
    scanf("%d",&y);
    fun(aa,&n,y);
    printf("The data after deleted %d: \n",y);
```

```
    for(k=0;k<n;k++)
        printf("%d ",aa[k]);
    printf("\n");
}
```

程序的运行结果如图5.15所示。

图 5.15

16. 请编写一个函数 void fun(char m,int k,int x[])，该函数的功能是：将大于整数 m 且紧靠 m 的 k 个素数存入 x 所指的数组中。例如，若输入 17 和 5，则应输出：19，23，29，31，37。

参考答案：

```c
#include<stdio.h>
#include<math.h>
void fun(int m,int k,int x[])
{
    int i,j=0,n;
    while(j<k)
    {
        m++;
        n=(int)sqrt(m);
        for(i=2;i<=n;i++)
            if(m%i==0)
                break;
        if(i>n)
        {
            x[j]=m;
            j++;
        }
    }
}
void main()
{
    int m,n,z[100];
    printf("Please enter two integers(m & n): ");
    scanf("%d%d",&m,&n);
    fun(m,n,z);
    for(m=0;m<n;m++)
```

```
        printf("%d ",z[m]);
    printf("\n");
}
```

程序的运行结果如图 5.16 所示。

图 5.16

17. 编程实现将八进制数转换为十进制数。

参考答案：

```
#include "stdio.h"
void main()
{
    char *p,s[6];int n;
    p=s;
    printf("输入八进制数：");
    gets(p);
    n=0;
    while(*(p)!='\0')
    {
        n=n*8+*p-'0';
        p++;
    }
    printf("十进制数：%d\n",n);
}
```

程序的运行结果如图 5.17 所示。

图 5.17

18. 编程验证一个偶数总能表示为两个素数之和。

参考答案：

```
#include "stdio.h"
#include "math.h"
void main()
```

```
{
    int a,b,c,d;
    printf("输入一个偶数: ");
    scanf("%d",&a);
    for(b=3;b<=a/2;b+=2)
    {
        for(c=2;c<=sqrt(b);c++)
            if(b%c==0)
                break;
        if(c>sqrt(b))
            d=a-b;
        else
            break;
        for(c=2;c<=sqrt(d);c++)
            if(d%c==0)
                break;
        if(c>sqrt(d))
            printf("%d=%d+%d\n",a,b,d);
    }
}
```

程序的运行结果如图 5.18 所示。

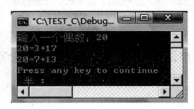

图 5.18

19. 某个公司采用公用电话传递数据，数据是 4 位的整数，在传递过程中是加密的，加密规则如下：每位数字都加上 5，然后用和除以 10 的余数代替该数字，再将第一位和第四位交换，第二位和第三位交换。

参考答案：

```
#include "stdio.h"
#include "math.h"
void main()
{
    int a,i,aa[4],t;
    scanf("%d",&a);
    aa[0]=a%10;
    aa[1]=a%100/10;
    aa[2]=a%1000/100;
    aa[3]=a/1000;
```

```
for(i=0;i<=3;i++)
{
    aa[i]+=5;
    aa[i]%=10;
}
for(i=0;i<=3/2;i++)
{
    t=aa[i];
    aa[i]=aa[3-i];
    aa[3-i]=t;
}
for(i=3;i>=0;i--)
    printf("%d",aa[i]);
printf("\n");
}
```

程序的运行结果如图 5.19 所示。

图 5.19

20. 从键盘输入一个字符串，将小写字母全部转换成大写字母，然后输出到一个磁盘文件 test 中保存。

参考答案：

```
#include "stdio.h"
#include "string.h"
void main()
{
    FILE *fp;
    char str[100],filename[10];
    int i=0;
    if((fp=fopen("test","w"))==NULL)
    {
        printf("cannot open the file\n");
        return;
    }
    printf("please input a string:\n");
    gets(str);
    while(str[i]!='\0')
    {
        if(str[i]>='a'&&str[i]<='z')
```

```
            str[i]=str[i]-32;
        fputc(str[i],fp);
        i++;
    }
    fclose(fp);
    fp=fopen("test","r");
    fgets(str,strlen(str)+1,fp);
    printf("%s\n",str);
    fclose(fp);
}
```

程序的运行结果如图 5.20 所示。

图 5.20

21. 编写一个函数，其功能是：从传入的 num 中找出最长的一个字符串，并通过形参指针 max 传回该串地址。

参考答案：

```
#include "stdio.h"
#include "string.h"
char *fun(char *a[],int num)
{
    int i=0;
    char *max=a[0];
    for(i=0;i<num;i++)
        if(strlen(max)<strlen(a[i]))
            max=a[i];
    return max;
}
void main()
{
    char *x[4]={"aaa","bbbbbb","CCC","Dabcd"},p[20];
    strcpy(p,fun(x,4));
    puts(p);
}
```

程序的运行结果如图 5.21 所示。

22. 编写函数 fun，该函数的功能是：计算并输出 n（包括 n）以内能被 5 或 9 整除的自然数的倒数之和。

图 5.21

参考答案：

```
#include "stdio.h"
float fun(int n)
{
    int i;
    float sum=0;
    for(i=1;i<=n;i++)
        if(i%5==0 || i%9==0)
            sum+=(float)1/i;
    return sum;
}
void main()
{
    int x;
    scanf("%d",&x);
    printf("%6.2f\n",fun(x));
}
```

程序的运行结果如图 5.22 所示。

图 5.22

23. 编写函数，该函数的功能是：在形式参数所指字符串中寻找与参数 c 相同的字符，并在其后插入一个与之相同的字符，若找不到相同字符，则不做任何处理。例如，s 所指字符串是"baacda"，c 中的字符为'a'，执行后 s 所指字符串是"baaaacdaa"。

参考答案：

```
#include "stdio.h"
#include "string.h"
#define M 100
char *fun(char *s,char c)
{
    char ps[M],*p=ps;
```

```
    while(*s!='\0')
    {
        if(*s==c)
        {
            *p++=*s;
            *p++=*s++;
        }
        else
            *p++=*s++;
    }
    *p='\0';
    strcpy(s,ps);
    return s;
}
void main()
{
    char x[M],y;
    gets(x);
    y=getchar();
    puts(fun(x,y));
}
```

程序的运行结果如图 5.23 所示。

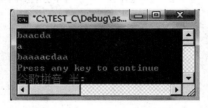

图 5.23

24. 在主函数中从键盘输入若干个数放入数组中，用 0 结束输入并放入最后一个元素中。函数 fun 的功能是：计算数组中所有正数的平均值（不包括 0）。

参考答案：

```
#include "stdio.h"
float fun(int *s)
{
    int sum=0,n=0;
    while(*s!=0)
    {
        if(*s>0)
        {
            sum+=*s;
            n++;
```

```
        }
        s++;
    }
    return (float)sum/n;
}
void main()
{
    int x[20]={47,21,2,-8,15,0};
    printf("%f\n",fun(x));
}
```

程序的运行结果如图 5.24 所示。

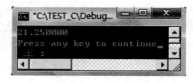

图 5.24

25. 编写函数 fun，其功能是：根据以下公式计算 s，并将计算结果作为函数值返回，n 通过形式参数传入。

$$s = 1 + \frac{1}{1+2} + \frac{1}{1+2+3} + \cdots + \frac{1}{1+2+3+\cdots+n}$$

参考答案：

```
#include "stdio.h"
float fun(int n)
{
    int sum=0,i;
    float rsum=0;
    for(i=1;i<=n;i++)
    {
        sum+=i;
        rsum+=1.0/sum;
    }
    return rsum;
}
void main()
{
    int x;
    scanf("%d",&x);
    printf("%f\n",fun(x));
}
```

程序的运行结果如图 5.25 所示。

图 5.25

26. 编写函数 fun，该函数功能是：计算并输出 S=1+(1+2^0.5)+(1+2^0.5+ 3^0.5)+…+(1+2^0.5+3^0.5+…+n^0.5)的值。

参考答案：

```c
#include "stdio.h"
#include "math.h"
float fun(int n)
{
    int i;
    float sum=0,tsum=0;
    for(i=1;i<=n;i++)
    {
        sum+=pow(i,0.5);
        tsum+=sum;
    }
    return tsum;
}
void main()
{
    int x;
    scanf("%d",&x);
    printf("%f\n",fun(x));
}
```

程序的运行结果如图 5.26 所示。

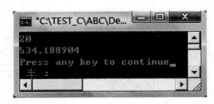

图 5.26

27. 编写函数 fun，其功能是：将 s 所指字符串中 ASCII 值为奇数的字符删除，剩余字符形成的新串放在 t 所指数组中。

参考答案：

```c
#include "stdio.h"
```

```
void fun(char *s,char t[])
{
    char *p=s;
    while(*p!='\0')
    {
        if((int)*p%2==0)
        {
            *t=*p;
            t++;
        }
        p++;
    }
    *t='\0';
}
void main()
{
    char x[]="ABCDEFG12345",y[30];
    fun(x,y);
    puts(y);
}
```

程序的运行结果如图 5.27 所示。

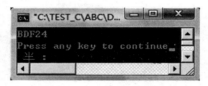

图 5.27

28. 编写一个函数，用来删除字符串中的所有空格。
参考答案：

```
#include "stdio.h"
void fun(char *str)
{
    int i=0;
    char *p=str;
    while(*p)
    {
        if(*p!=' ')
        {
            str[i++]=*p;
        }
        p++;
    }
```

```
        str[i]='\0';
}
void main()
{
    char x[]="AB C  D EF G12 345";
    fun(x);
    puts(x);
}
```

程序的运行结果如图 5.28 所示。

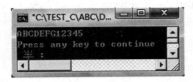

图 5.28

29. 编写函数 fun，其功能是将所给字符串由大到小排序。

参考程序：

```
#include<stdio.h>
#include<string.h>
void fun(char p[][10],int n);
int main()
{
    char p[][10]= {"China","America","Russia","England","France"};
    int i;
    fun(p,5);
    for(i=0; i<5; ++i)
        printf("%s  ", p[i]);
    printf("\n");
    return 0;
}
void fun(char p[][10],int n)
{
    char t[10];
    int  i,j;
    for(i=0; i<n-1; i++)
        for(j=i+1; j<n; j++)
            if(strcmp(p[i],p[j])<0)
            {
                strcpy(t,p[i]);
                strcpy(p[i],p[j]);
                strcpy(p[j],t);
            }
}
```

程序的运行结果如图 5.29 所示。

图 5.29

30. 编写一个函数 fun，它的功能是：根据以下公式求 p 的值，结果由函数值带回。M 与 n 为两个正整数，且要求 m>n。

p=m!/n!(m-n)!

参考程序：

```c
#include<stdio.h>
#include<string.h>
float fun(int m,int n)
{
    float p,t=1.0;
    int i;
    for(i=1;i<=m;i++)
       t=t*i;
    p=t;
    for(t=1.0,i=1;i<=n;i++)
       t=t*i;
    p=p/t;
    for(t=1.0,i=1;i<=m-n;i++)
       t=t*i;
    p=p/t;
    return p;
}
void main()
{
    printf("%f\n",fun(6,3));
}
```

参 考 文 献

[1] 郑晓健，布瑞琴，李向阳. C 语言程序设计（基于 CDIO 思想）.2 版. 北京：清华大学出版社，2017.

[2] 谭浩强. C 程序设计（第五版）学习辅导.北京：清华大学出版社，2017.

[3] 王敬华等. C 语言程序设计教程. 北京：清华大学出版社，2005.

[4] 王敬华等. C 语言程序设计教程（第二版）习题解答与实验指导. 北京：清华大学出版社，2009.

[5] 杜树春. 实用有趣的 C 语言程序. 北京：清华大学出版社，2017.

图书资源支持

感谢您一直以来对清华版图书的支持和爱护。为了配合本书的使用，本书提供配套的资源，有需求的读者请扫描下方的"书圈"微信公众号二维码，在图书专区下载，也可以拨打电话或发送电子邮件咨询。

如果您在使用本书的过程中遇到了什么问题，或者有相关图书出版计划，也请您发邮件告诉我们，以便我们更好地为您服务。

我们的联系方式：

地　　址：北京海淀区双清路学研大厦 A 座 707

邮　　编：100084

电　　话：010－62770175－4604

资源下载：http∶//www.tup.com.cn

电子邮件：weijj@tup.tsinghua.edu.cn

QQ：883604(请写明您的单位和姓名)

用微信扫一扫右边的二维码，即可关注清华大学出版社公众号"书圈"。

资源下载、样书申请

书圈